Inhalt

Sport – Spaß – Aktion mit Clicker

Nützliches und Trend-Sport geclickt

SPEZIAL

Kombinierte Übungen bieten eine Menge an geistiger Förderung, Spaß und Abwechslung für arbeitseifrige Hunde.

SPEZIAL

Schnuppern Sie einmal in verschiedene Hundesportarten. Vielleicht entdecken Sie gemeinsame Talente bei sich und Ihrem Hund.

Legen Sie den Grundstein

Dieses Buch für Fortgeschrittene zeigt Ihnen, wie bereits erlernte Übungen trainiert, verfeinert, abgesichert und aneinandergereiht werden. Es bietet eine bunte gemischte Palette von Beschäftigungsmöglichkeiten für Ihren Hund.

Den Grundgehorsam sollten Sie mit Ihrem Hund im Wesentlichen beherrschen. Neue Übungen trainieren Sie nach dem bekannten Prinzip einfach Schritt für Schritt mit Hilfe des Clickers. Gerade beim anspruchsvollen Training profitieren Sie vom Clicker als Hilfsmittel. Die meisten Übungen kommen aus verschiedenen Hundesportarten. So finden Sie bald heraus, in welche Richtung Sie gemeinsam gehen möchten.
Ganz wichtig ist, dass Sie die Eignung Ihres Hundes erkennen und berücksichtigen. Eine positive Einstellung, Liebe, Geduld und Konsequenz sind die Voraussetzungen für Erfolg. Sport und Spaß stehen im Vordergrund, vertiefen die Bindung, beschäftigen den Hund und ganz nebenbei erreichen Sie die Prüfungsreife.

Der Grundstein für alles Weitere im Hundesport ist die Begleithundprüfung, die hier die ganz ausführlich beschrieben wird und wirklich nicht so schwierig ist. Machen Sie mit, es lohnt sich.

Jeder Hund ist anders, jeder ein Individuum. Nehmen Sie Rücksicht auf Gesundheit, Alter, Größe, Gewicht, rassespezifische Eigenschaften und das Wesen Ihres Hundes. Beschäftigen Sie ihn eignungsentsprechend. Trainieren Sie maßvoll, damit die Lust und der Spaß dauerhaft erhalten bleiben. Hundesport ist Fitnesstraining für Hund und Mensch, körperlich wie geistig.

Glückliche Hunde durch liebevollen und artgerechten Umgang, körperliche und geistige Beschäftigung.

Fit für die Begleithund-prüfung

Leicht gemacht mit Hütchentraining

Alle Grundgehorsamsübungen werden im Buch „Clickertraining mit dem Hund" im Kapitel ‚Grundausbildung' mit Problemhilfen von der Pike auf erklärt. Genau diese Übungen brauchen Sie zur Begleithundprüfung. Mit diesem Zeichen (👁, S. xx) verweisen wir auf das oben genannte Buch.

Vorbildliches Fußgehen im Laufschritt.

Die Elemente

- **Fußgehen** in allen Variationen: Geraden, Achten, Tempowechsel, Anhalten. Bögen und Kreise bereiten die Rechts- und Linkswenden sowie die Kehrtwende vor.
- **die Sitzübung**
- **die Platzübung** und
- **die Ablage**

Alles wird im Hütchentraining systematisch trainiert; eine abwechslungreiche, interessante Trainingsart, bei der Sie durch die Hütchen als Markierungspunkte lernen, genau zu arbeiten und die Übungen zu perfektionieren. Keine Angst, das Wichtigste zu jeder Übung wird noch einmal wiederholt. Zuerst trainieren Sie mit dem angeleinten Hund die **Leinenführigkeit**. Wenn dies richtig gut klappt, trainieren Sie die gleichen Übungen ohne Leine. Dies ist die **Freifolge**.

Warm-up mit der Hütchenreihe

Zuerst stellen Sie alle Hütchen hintereinander mit 120 cm Abstand in einer Reihe auf. Jetzt motivieren Sie Ihren Hund so, dass Sie seine Aufmerksamkeit zum Beispiel mit Futter oder Spielzeug auf sich lenken. Übertragen Sie Ihre positive Spannung auf den Hund. Wenn das Team bereit ist, kann's losgehen.

Ihr Hund sitzt am ersten Hütchen (Startpunkt), schön dicht links neben Ihnen in der **Grundstellung** und sieht erwartungsvoll hoch. Das **Hochsehen** 👁 S. 26 in der Grundstellung clicken und belohnen Sie immer wieder, denn jede Übung beginnt und endet in der Grundstellung.

Nun gehen Sie Runden, immer wieder abwechselnd:

- **FUSS** um alle Hütchen. Fußgehen nur noch clicken, wenn er hochsieht.
- **Tempowechsel:** Normale, langsame und schnelle Gangart. Bei jedem Tempowechsel geben Sie das Kommando FUSS dazu.
- **Slalom** und Kreise um jedes Hütchen. Einmal geht der Hund innen, einmal außen.
- **SITZ** an jedem Hütchen. Zuerst sagen Sie immer das Kommando SITZ dazu.

(Erklärung siehe SMART-Kasten rechte Seite)

Mehrere Teams beim Hütchentrainig: Sie üben Fußgehen und Ablage.

folgen. Mit Kommando FUSS gehen Sie wieder an. Wenn dies gut klappt, halten Sie an und sagen nichts. Setzt sich der Hund von selbst ab, folgen . Im Hundesport nennt man das **Halt**. Sie halten an, der Hund setzt sich ohne Kommando neben Sie ab.

▸ Zur Abwechslung PLATZ oder SITZ an jedem Hütchen oder im Wechsel. Angehen **immer** mit Kommando FUSS.

Timing

Achten Sie genau darauf, dass Sie **während** des gewünschten Verhaltens clicken. Ihr Hund weiß, Click bedeutet ‚richtig', das Leckerchen kommt gleich nach.

▸ Tipp zum Fußgehen: Bevor die Konzentration Ihres Hundes nachlässt, gehen Sie sofort einige Schritte rückwärts, dann nehmen Sie ihn im Vorwärtsgehen wieder an. Geben Sie die Belohnung **während** Sie gehen, **ganz nah an Ihrem Körper**.

Teams im Hütchen-Rechteck

Jetzt arbeiten Sie mit mehreren Teams um ein markiertes Rechteck, etwa 8 mal 10 Meter oder entsprechend größer. An den kurzen Seiten reihen Sie weitere Hütchen im Abstand von 120 cm ein. Gehen Sie Runden, wie oben beschrieben, einzeln, hintereinander oder mehrere Teams miteinander.

SMART

Erklärung der Symbole im Text

- dieses Zeichen bedeutet: jetzt clicken
- dieses Zeichen bedeutet: Leckerchen geben
- dieses Zeichen bedeutet: Loben
- dieses Zeichen bedeutet: siehe Seite xx, Buch „Clickertraining mit dem Hund.

Hütchentraining und Spaßpark

Schwieriger und effektvoller wird das Training, wenn mehrere Teams gleichzeitig um das Rechteck gehen. Variante mit zwei Startpunkten: Eine Gruppe geht im, eine andere gleichzeitig gegen den Uhrzeigersinn. Oder, jedes Team sucht sich ein Hütchen und alle starten gemeinsam.

Am Treffpunkt üben Sie das **aneinander Vorbeigehen** automatisch mit. Gleichzeitig kann ein Hund in der Mitte des Rechtecks die **Ablage unter Ablenkung** üben. Seien Sie kreativ, streuen Sie immer wieder Tempowechsel ein. Die Hundeführer sagen im Wechsel die Runden an, falls kein Trainer da ist.
Zur Selbstkontrolle empfiehlt es sich, von Zeit zu Zeit, eine Videokamera aufzustellen. Dann sehen Sie am besten, was gut ist, und was noch trainiert werden muss.

Zum Spaßpark wird´s, wenn Hindernisse im Hütchentraining eingebaut werden.

Richtungsänderungen

Üben Sie zuerst „trocken", das heißt, ohne Hund, bis Sie beim Gehen ganz sicher sind. Viele kleine Schritte erleichtern dem Hund das aufmerksame Fußgehen.

- **Für die Kehrtwende** nehmen Sie sich ein Hütchen vor. Das heißt, Sie drehen links zum Hund um 180° ein. Die Leine wechseln Sie während der Drehung hinter dem Rücken von der linken, in die rechte und wieder in die linke Hand. Clicken und belohnen Sie nur noch die engen Kehrtwenden.
- **Die 90°-Rechts- und Linkswenden** werden im Rechteck automatisch mit trainiert. Achten Sie darauf, dass Sie Ihre Gangart während der Kehren und Wenden nicht verändern.
- **Für die Richtungsänderungen** gibt es kein Kommando, der Hund soll ja stets aufmerksam und dicht dem Hundeführer an dessen linker Seite folgen. Achten Sie beim Gehen auf Ihre aufrechte Haltung.

Variationen

Um das Hütchentraining aufzulockern und abwechslungsreicher gestalten,

- **stellen Sie Hindernisse** an den Seiten des Rechtecks auf. Eine Hürde, bitte nicht zu hoch, ein Tunnel, einen Tisch, einen Reifen oder was Sie sonst mögen. Voraussetzung, Ihr Hund hat diese vorher ausführlich kennen gelernt. So wird das Unterordnungstraining spannender.

Belohnen Sie Ihren Hund durch ausgelassenes Spiel.

▸ **Bauen Sie einen Parcours** als Spaßpark auf (👁, S. 40 f.). Dieser bietet schier unendliche Trainingsmöglichkeiten und durch dynamisches, abwechslungsreiches Training bekommt Ihr Hund immer mehr Spaß daran.

▸ **Verzichten Sie** beim Fußgehen auf Locken, ans Bein klopfen und zuviel gutes Zureden. Hin und wieder ist Korrektur durch leichtes Zupfen die Leine noch erlaubt.

▸ **Bestätigen Sie** den Hund, sobald er wieder in der richtigen Position ist. Clicken Sie das Fußgehen nur noch, wenn Ihr Hund ganz aufmerksam und dicht mitgeht.

▸ **Die Hilfen sollten Sie** mit dem Trainingsfortschritt abbauen. Werden Sie mit den Clicks geiziger. Nur noch richtig gute Aktionen clicken, ansonsten nur kurz, verbal, zum Beispiel mit ‚gut', ‚brav' bestätigen.

▸ **Halten Sie** die Trainingseinheiten für Ihren Hund entsprechend kurz und von hoher Qualität. Hören Sie nach einer Superleistung Ihres Hundes lieber auf und spielen Sie ausgiebig zur Belohnung mit ihm.

SMART

Die Ablage ist wichtig!

- **Überreizen** Sie die Dauer und Ihre Entfernung nicht.
- **Durch Variieren** von Zeit und Abstand bleibt die Ablage für den Hund interessant und er wird aufmerksam abliegen.
- **Achten Sie darauf,** dass Sie die Belohnung unten in der Platzposition geben, nicht, wenn er schon wieder sitzt.

SITZ und PLATZ absichern

Auch hier wird vorausgesetzt, dass Ihr Hund die Kommandos SITZ und PLATZ kennt und unter normaler Ablenkung befolgt. Nun geht es darum, SITZ und PLATZ auch unter großer Ablenkung, immer und überall sicher auszuführen. SITZ und PLATZ sind unabdingliche Kommandos, der Hund muss sie befolgen.

Sie brauchen diese Kommandos, um Ihren Hund in sämtlichen Situationen wirklich im Griff zu haben. Deshalb müssen sie auch bei diesen Übungen Sie ganz konsequent sein. Die Hör- und Sichtzeichen für beide Übungen sollen sich klar voneinander unterscheiden. SITZ und PLATZ wird nur durch Sie, z. B. mit LAUF freigegeben.

Notfalls müssen Sie korrigieren, das heißt, Sie bringen den Hund an die Stelle zurück, wo Sie das Kommando verlangt haben und geben das Kommando erneut deutlicher. Überdenken Sie, ob Ihr Hör- und/ oder Sichtzeichen eindeutig zu verstehen war. Verkürzen Sie die Dauer und die Entfernung, vereinfachen Sie die Ablenkung.

Schwierige Übung: Ablage unter starker Ablenkung.

Verschiedene Orte und Situationen

- **Zu Hause** können Sie SITZ oder PLATZ verlangen, bevor Ihr Hund zur Futterschüssel darf. Oder er muss im SITZ oder PLATZ warten, bevor er die Gäste begrüßen darf, wenn es geklingelt hat.
- **Im Auto:** Bevor der Hund aus dem Auto aussteigt, muss er auf Kommando PLATZ liegen bleiben. folgen. Schwieriger ist es, wenn andere Hunde am Auto vorbei gehen.
- **Beim Gassi:** Legen Sie Ihren Hund während eines Spaziergangs in den PLATZ und entfernen Sie sich einige Schritte in verschiedene Richtungen. Sie clicken, wenn er schön liegt, gehen zurück zum Hund und belohnen ihn unten. Klappt dies gut, bleiben Sie einige Minuten mit dem Rücken zum Hund entfernt stehen. Das Liegenbleiben können

Sie von einer Hilfsperson clicken lassen, gibt's dann von Ihnen.
Bevor Ihr Hund an der Spazierwiese zu seinen Kumpels rennt, verlangen Sie kurz SITZ oder PLATZ, folgen, dann geben Sie ihn frei. Aus dem Spiel rufen Sie ihn ab, loben ihn, dann verlangen Sie SITZ oder PLATZ, folgen, dann geben Sie ihn wieder frei.

Schwieriger – zu Mehreren

Mehrere Hunde, die ungefähr das gleiche Ausbildungsniveau haben, trainieren zusammen.
▸ **1. Schritt:** Die Hunde werden in einer Reihe mit etwa einem Meter Abstand in den PLATZ gelegt. Die Hundeführer stellen sich einige Schritte entfernt gegenüber auf, sodass Sie Blickkontakt zu den Hunden haben. Nach anfangs noch kurzem Warten folgen .
▸ **2. Schritt:** **Ein Team** läuft Runden, wie beim Hütchentraining, Slalom, Laufschritt u.s.w. um die abliegenden Hunde. Bleibt Ihr Hund schön liegen, folgen .
▸ **3. Schritt:** Jetzt liegen alle Hunde in einer Reihe, die Hundeführer sind einige Schritte entfernt, und zur Ablenkung rollen Hilfspersonen **Bälle** vor den Hunden hin und her. Sie können auch einen **Hundekeks** an eine Schnur binden und dicht an den Hunden vorbeiziehen. Loben Sie ihren Hund für diese schwierigen Übungen ausgiebig.

Ein Team geht Unterordnung um die sitzenden Hunde herum. Die Hunde sind jetzt die ‚Hütchen'.

SMART

SITZ absichern

› **Die Übungen,** die mit PLATZ beschrieben sind, können Sie genauso mit SITZ trainieren.
› **Beachten Sie,** dass für die meisten Hunde das Sitzen viel anstrengender ist als das Liegen. Also keinen falschen Ehrgeiz entwickeln. Sind Sie noch nicht ganz sicher, bleiben Sie zuerst neben Ihrem Hund stehen.

SITZ aus der Bewegung, PLATZ mit Abrufen

Jetzt sichern Sie die Übungen ab. Dabei nutzen Sie den großen Vorteil des Clickers.

Die Bestätigung richtiger Aktionen Ihres Hundes auf Distanz wird mit dem mit Click leicht gemacht, weil der Hund dieses Geräusch nicht als Freigabe versteht. Denn Click bedeutet: „richtig, Leckerchen kommt demnächst."
Die Sitzübung laut Prüfungsordnung der Begleithungprüfung:
„Von der Grundstellung (GS) aus geht der Hundeführer (HF) mit seinem frei bei Fuß folgenden Hund geradeaus. Nach ca. 10 Schritten hat sich der Hund auf das Hörzeichen SITZ schnell zu setzen, ohne dass der HF seine Gangart unterbricht und sich umsieht. Nach weiteren 30 Schritten bleibt der HF stehen und dreht sich zu seinem Hund um. Auf Richteranweisung geht der HF zurück zum Hund und nimmt an dessen rechter Seite die Grundstellung ein."
Dies hört sich sehr trocken an. Aber wir trainieren die Sitzübung mit vielen Variationen und Sie werden sehen, es macht richtig Spaß.

Voraussetzung

FUSS-gehen klappt, SITZ und PLATZ sind abgesichert.

▸ 1. Schritt: SITZ clicken, und Sie gehen weiter: Aus der GS gehen Sie mit FUSS an, wenn Ihr Hund aufmerksam hochsieht. Nach einigen Schritten sagen Sie SITZ und geben das Sichtzeichen noch dazu. Sobald Ihr Hund sitzt, clicken Sie und gehen ein paar Schritte weiter (wahlweise in verschiedene Richtungen oder in einem Kreis um den Hund). Dann gehen Sie zurück zum Hund, C ♥ folgen.

▸ 2. Schritt: SITZ clicken, während Sie entfernt kurz warten: Nach SITZ gehen Sie geradeaus weiter. Sie drehen sich zum Hund um und warten kurz. Wenn er jetzt sitzen bleibt, clicken Sie, gehen zurück zum Hund, C ♥ folgen. Mit dem Trainingsfortschritt bauen Sie das Sichtzeichen ab, sehen nicht mehr nach dem Hund, ob er sitzt, sondern Sie gehen nach dem Kommando SITZ ganz normal weiter.
Am besten, Sie lassen das Sitzen von einer Hilfsperson clicken. Dann lassen Sie nur noch das schnelle Absitzen clicken.

▸ SITZ aus der Bewegung in verschiedenen Situationen: So machen die Übungen viel mehr Spaß und werden optimal abgesichert.

Die Sitzübung im Spaßpark einbauen

SITZ aus der Bewegung nach dem Tunnel

▸ Ein Team geht 2 bis 3 Runden um Hütchen und über Hindernisse, schön kontrolliert, hohe Qualität. Nach dem Tunnel verlangen Sie das Kommando SITZ, clicken sobald er sitzt, gehen ein paar Schritte weiter, dann zurück zum Hund, ❤ folgen. Dies probieren Sie dann nach der Hürde und wieder auf einer Geraden.

▸ PLATZ aus der Bewegung mit Abrufen Prüfungsordnung: Ablegen in Verbindung mit Herankommen.
„Von der Grundstellung aus geht der HF mit seinem frei folgenden Hund auf das Hörzeichen FUSS geradeaus. Nach ca. 10 Schritten hat sich der Hund auf das Hörzeichen PLATZ sofort hinzulegen. Ohne andere Einwirkung auf den Hund und ohne sich umzudrehen, geht der HF noch 30 Schritte geradeaus weiter, dreht sich sofort zu seinem Hund um und bleibt still stehen. Auf Richteranweisung ruft der HF seinen Hund heran. Freudig und schnell hat sich der Hund dem HF zu nähern und sich dicht vor ihn zu setzen. Auf das Hörzeichen FUSS hat sich der Hund neben seinen HF zu setzen."

Die Platzübung im Spaßpark einbauen

PLATZ aus der Bewegung nach der Hürde

▸ Zuerst trainieren Sie nur PLATZ aus der Bewegung ohne Abrufen und helfen noch mit Sichtzeichen und Körperhaltung. Dann werden die Hilfen langsam abgebaut. Variieren Sie Ihre Entfernung und die Dauer des Wartens. Clicken Sie oder eine Hilfsperson richtige Aktionen.

▸ Wenn dies gut klappt, rufen Sie Ihren Hund mit HIER ab. Sitzt er dicht gerade vor Ihnen, folgen ❤. Um die Übung zu vervollständigen, wechselt der Hund vom Vorsitz auf Kommando FUSS in die GS über. ❤.

▸ Diese Übung bitte nicht immer komplett verlangen. Alle Schritte einzeln und isoliert üben und clicken: Das schnelle Hinlegen; das ruhige Liegen, während Sie entfernt warten; den geraden dichten Vorsitz; die Grundstellung. Wenn Sie nach PLATZ immer abrufen, ist die Gefahr groß, dass Ihr Hund Ihnen selbständig entgegen kommt. Wenn Sie nur in der Grundstellung loben, kann es passieren, dass er den Vorsitz bald nicht mehr zeigt.
Die PLATZ-Übung bauen Sie auch im Spaßpark ein, mal mit Abrufen, mal mit Abholen.

Die Begleithundprüfung

Diese Prüfung im Hundesport sollte für jeden Hundeführer erstrebenswert sein. Mit dem Training bis hierher sind Sie bestens vorbereitet. Die BH-Prüfung des VDH (Verein für das deutsche Hundewesen) wird durch einen anerkannten Leistungsrichter (LR) abgenommen. Sie unterliegt der gültigen Prüfungsordnung des VDH und sportlichen Grundsätzen in Bezug auf Durchführung und Verhalten aller Beteiligten. Diese Veranstaltungen haben Öffentlichkeitscharakter.
Die BH-Prüfung besteht aus drei Teilen: der Sachkundenachweis des Hundesführers; Teil A, der Grundgehorsam des Hundes, sprich Unterordnung; Teil B, die Sozialverträglichkeit des Hundes im Verkehr und in der Öffentlichkeit. Das Prüfungsergebnis wird in einem entsprechenden Leistungsnachweis vermerkt.

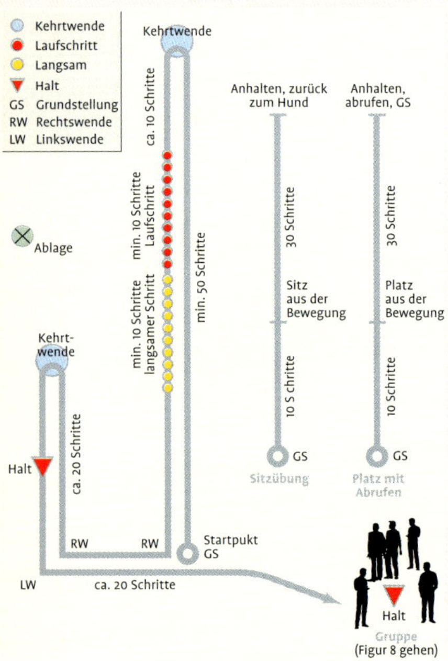

Das Gehschema

Allgemeines

Die BH-Prüfung wird nur anerkannt, wenn sie in einem der AZG (VDH-Fachausschuss VPG/Agility/Obedience) angehörenden Verein/Verband abgelegt wird. Diese dem VDH angehörenden Vereine geben hierzu genaue Informationen.

- **Sie brauchen** den so genannten Sachkundenachweis, eine theoretische Prüfung, mit Fragen zum allgemeinen Hundwesen, wie Gesundheit, Verhalten, Haltung, und Vereinsstrukturen.
- **Zugelassen** sind Hunde aller Rassen und Größen, Mindestalter 15 Monate.

Ihr Hund muss gesund, geimpft und durch eine Tätowier- oder Chipnummer identifizierbar sein. Diese Nummer wird vor der Prüfung vom Leistungsrichter bei der Unbefangenheitsprobe kontrolliert. Zeigt Ihr Hund hier keine Wesensmängel, wird er zur Prüfung zugelassen.

Vorbereitung

Alle Übungen, die verlangt werden, haben Sie bisher trainiert, sie werden jetzt lediglich zu einem Gehschema aneinandergereiht. Dieses Schema üben Sie ohne Hund, bis Sie es perfekt beherrschen. Mit Hund trainieren Sie immer nur Teile oder Varianten, sonst stumpft er ab. Im Training wird natürlich geclickt und gelobt, aber nicht mehr so oft, denn in der Prüfung dürfen keinerlei Hilfsmittel wie Spielzeug, Futter oder Clicker mitgeführt werden.
Ihr Hund besitzt eine hohe, antrainierte Erwartungshaltung und wird Ihnen, trotz der fehlenden Hilfen aufmerksam folgen.

Die Unterordnung

Teil A der BH-Prüfung (60 Punkte insgesamt)

Auf einem Übungsplatz starten immer zwei Teams gemeinsam.
Zuerst melden sich beide Teams in der GS beim LR mit der vorgeschriebenen Begrüßung. Etwa so: „Hundeführer Monika Sinner mit Iwan vom Tailleur zur Unterordnung bereit".

Erklärung des Gehschemas (Zeichnung links)

- Leinenführigkeit: Die 1-Meter-Führleine wird in der linken Hand gehalten, muss durchhängen. GS am Startpunkt, ca. 50 Schritte geradeaus, Kehrtwende, 10 Schritte normales Tempo, mind. 10 Schritte Laufschritt, mind. 10 Schritte langsam, ca. 20 Schritte normales Tempo, Rechtswende, ca. 20 Schritte weiter, Rechtswende, ca. 20 Schritte weiter, Kehrtwende, nach ca. 10 Schritten Halt.
Angehen, ca. 10 Schritte geradeaus, Linkswende, ca. 20 Schritte weiter, dann eine Acht durch die Gruppe gehen, anhalten an einer Person. Aus der Gruppe gehen, in der GS abschließen. Jetzt dürfen Sie loben. Loben ist nur in der GS, nach Beendigung einer Übung erlaubt.
- Freifolge: Ableinen, angehen, nochmals die Acht durch die Gruppe gehen, anhalten an einer Person.
Zum Startpunkt gehen und das ganze Schema, wie oben beschrieben, noch einmal in Freifolge zeigen.
- Danach folgen die Sitzübung, dann die Platzübung mit Abrufen, Anleinen und den Hund zum Ablageplatz führen.
Während ein Team das Gehschema vorführt, zeigt das andere die Ablage unter Ablenkung (10 Punkte):
- Der HF geht mit seinem angeleinten Hund zum entsprechenden Ablagepunkt (getrennt nach Hündinnen oder Rüden).
- In der GS wird der Hund abgeleint, der HF hängt sich die Leine so über die Schulter, dass der Leinenkarabiner auf der dem abgewandten Seite hängt, oder steckt die Leine in die Tasche.
- Nach Kommando PLATZ entfernt sich der HF ca. 30 Schritte und bleibt mit dem Rücken zum Hund still stehen. Nun führt das andere Team direkt vor dem abliegenden Hund das Gehschema vor.
- Auf Richteranweisung wird der abliegende Hund abgeholt: Der HF geht zum Hund, an dessen rechte Seite. Mit Kommando SITZ in die GS. Den Hund anleinen – jetzt darf gelobt werden – und zum Startpunkt gehen, um das Gehschema vorzuführen.
- Tipp: Auf dem Weg zum Startpunkt den Hund kurz motivieren.
Darstellung des kompletten Ablauf der BH-Prüfung Teil A, siehe folgende Doppelseite.

Leinenführigkeit und Freifolge *(je 15 Punkte)*

▸ Vorab: Der Hund trägt ein normales Halsband, nicht auf Zug gestellt, oder ein Brustgeschirr. Das Kommando FUSS ist beim Angehen und bei Tempowechsel erlaubt.

▸ Sie befinden sich am Startpunkt in der GS. Mit FUSS angehen, der Hund sollte freudig und aufmerksam folgen: ca. 50 Schritte in normalem Tempo geradeaus, dann folgt eine Kehrtwende, 10 Schritte weitergehen. Tempowechsel: Mit FUSS mindestens 10 Schritte Laufschritt, mit FUSS folgen mindestens 10 ganz langsame Schritte, mit FUSS ca. 20 Schritte im normalen Tempo weitergehen.

Kehrtwende

▸ Es folgt eine Rechtswende, ca. 20 Schritte weiter gehen, dann wieder eine Rechtswende, nach weiteren ca. 20 Schritten folgt eine Kehrtwende.

▸ Die Durchführung der Kehrtwende ist auf zwei Arten gestattet, muss aber jeweils als Linkskehrtwendung und immer gleich gezeigt werden. Hierbei kann der Hund hinten um den HF herumgehen, dabei wechselt der HF die Leine hinter dem Rücken von der linken Hand in die rechte und sofort wieder in die linke. Oder als Linkswende, wobei der Hund an der linken Seite des HF bleibt.

Halt

▸ Nach der ausgeführten Kehrtwende im gleichen Tempo weitergehen, nach ca. 10 Schritten folgt ein Halt: Der HF bleibt stehen, der Hund setzt sich schnell dicht neben den HF.

▸ Der HF darf nicht auf den Hund einwirken und seine Position nicht verändern und insbesondere nicht an den evtl. abseits sitzenden Hund herantreten. Mit FUSS angehen, ca. 10 Schritte geradeaus, dann folgt eine Linkswende, ca. 20 Schritte weitergehen. (Zur Orientierung, jetzt sind Sie wieder am Startpunkt.)

Vier Personen betreten den Übungsplatz und bilden die Gruppe

▸ Durch die sich bewegende Gruppe gehen, einmal links und einmal rechts um eine Person, die Acht. Dann Anhalten an einer Person, der Hund setzt sich sofort ab. Mit FUSS die Gruppe verlassen, in der GS abschließen. Jetzt loben, denn die Übung Leinenführigkeit ist beendet.

▸ Ableinen, Leine prüfungsgemäß verstauen, mit FUSS angehen, nochmals die Acht durch die Gruppe und an einer Person anhalten. Der Gruppe danken, zum Startpunkt gehen und das ganze Gehschema noch einmal in Freifolge zeigen. Mit der GS abschließen und loben.

Die Sitzübung *(10 Punkte) (Siehe auch Seite 14)*

▸ Aus der GS mit FUSS angehen, nach ca. 10 Schritten folgt Kommando SITZ, der HF geht ohne Anhalten, Zurücksehen und andere Hilfen für den Hund ca. 30 Schritte weiter. Umdrehen, auf Richteranweisung zurück zum Hund in die GS gehen. Jetzt loben.

▸ Beispiele für Punktabzug: Wenn der Hund anstatt zu sitzen, liegt oder steht, werden 5 Punkte entwertet. Hilfen, wie Sichtzeichen, mehrere Kommandos oder andere Hörzeichen, Leinenhilfe oder Locken führen genauso zum Punktabzug, wie wenn der Hund vor, nach oder seitlich geht.

Ablegen in Verbindung mit Herankommen *(10 Punkte) (Siehe auch Platz mit Abrufen, Seite 15)*

▸ Aus der GS mit FUSS angehen, nach ca. 10 Schritten folgt Kommando PLATZ, der HF geht ohne jegliche Hilfen für den Hunde wie Anhalten, Zurücksehen oder Sichtzeichen ca. 30 Schritte weiter; Umdrehen und still stehen bleiben.

▸ Auf Richteranweisung ruft der HF seinen Hund mit HIER ab. Der Hund hat sich freudig und schnell seinem HF zu nähern und sich dicht und gerade vor ihn in den Vorsitz zu setzen. Der HF darf seine Position nicht verlassen, beispielsweise sich so ausrichten, dass der Hund gerade vorsitzt.

Vorsitz und Grundstellung

▸ Aus dem Vorsitz mit FUSS in die GS überwechseln: Der Hund geht um den HF herum, sodass er links neben ihm in der GS sitzt. Vorn Überwechseln, wie „rückwärts Einparken" ist auch gestattet. Jetzt ist Loben erlaubt.

▸ Dann den Hund anleinen, zum Ablageplatz führen, in der GS ableinen, Leine verstauen, Kommando PLATZ geben, ca. 30 Schritte entfernen. Mit dem Rücken zum Hund still stehen bleiben.

Das andere Team hat nach Aufforderung des LR den Hund aus der Ablage abgeholt und ist jetzt mit dem Gehschema an der Reihe.

Abmelden und Beurteilung

▸ Nach Beendigung des Gehschemas den Hund anleinen und zum LR gehen. Den abliegenden Hund des anderen Teams auf Richteranweisung abholen, anleinen und ebenfalls zum LR gehen. Beide Teams melden sich in der GS vor dem LR ab: „Unterordnung beendet".

▸ Jetzt folgt die Beurteilung durch den Leistungsrichter. Um den Teil A der BH-Prüfung zu bestehen, müssen Sie von 60 zu erreichenden Punkten mindestens 42 Punkte haben, 70% reichen also aus.

▸ Tipp: Richterbeurteilungen einfach hinnehmen, auch hier bitte auf sportliches Verhalten achten.

Teil B: Prüfung im Verkehr

In Teil B wird der Hund bezüglich seines Sozialverhaltens gegenüber Mensch und Tier sowie seiner Umweltsicherheit überprüft.

Während der gesamten Prüfung (Teil A und B) darf sich Ihr Hund weder befangen noch aggressiv zeigen. Der Teil B findet außerhalb des Übungsgeländes, in einem geeigneten Umfeld innerhalb von geschlossenen Ortschaften statt. Für das Bestehen des Teils B zählt der Gesamteindruck des Hundes und es werden keine Punkte für die einzelnen Übungen vergeben.

Die folgenden Übungen sind Beispiele, sie können durch den LR individuell auf die örtlichen Gegebenheiten angepasst werden. Jeder LR hat bei der Durchführung des Teil B seinen eigenen Stil. Wenn Ihr Hund mit sämtlichen Alltagsituationen vertraut ist, werden Sie hierbei keine Probleme haben. Am einfachsten ist es, Sie folgen genau den Anweisungen des Richters.

Ein Hund wird an den allein gelassenen Hunden vorbei geführt.

Beispiele

- **Auf Richteranweisung** gehen Sie mit Ihrem angeleinten Hund auf einem Gehweg entlang. Fußgänger, Jogger, Skater, klingelnde Radfahrer und andere Hunde überholen Sie und kommen Ihnen entgegen. Ein Auto hupt und hält neben Ihnen, die Scheibe wird runtergedreht und Sie werden um eine Auskunft gebeten. Eine Autotür wird zugeschlagen. Eine vorbeilaufende Person schneidet Sie.
Der Hund hat sich neutral und unbeeindruckt zu verhalten und an lockerer Leine neben seinem Hundeführer zu gehen. Der HF kann das Hörzeichen FUSS wiederholen oder den Hund bei der Begegnung mit anderen Hunden in die Sitz- oder Platzposition bringen.
- **Auf Richteranweisung** gehen Sie durch eine Personengruppe, in der Sie eine Person anspricht und mit Handschlag begrüßt. Ihr Hund sitzt oder liegt, während Sie sich mit den Personen, die ganz eng an Sie herantreten, unterhalten.

Mehrere Personen treten ganz eng an einen Hund heran.

▸ Auf Richteranweisung binden Sie Ihren Hund an einen Zaun. In angemessenen Abstand werden evtl. weitere Hunde angebunden. Die HF begeben sich außer Sicht. Die Hunde dürfen sitzen, stehen oder liegen. Ein Hund wird an den allein gelassenen Hunden vorbei geführt. Ein Radfahrer fährt vorüber. Die Hunde haben sich ruhig und nicht aggressiv zu verhalten.

SMART

Der Grundstein ist gelegt

› **Für Agility-,** Obedience-, Rettungshund- und Vielseitigkeitsprüfungen ist die bestandene BH-Prüfung Voraussetzung.

› **Es ist aber** auch einfach für Sie und Ihren Hund eine schöne Bestätigung für das ganze Training. Eine Prüfung mit einem Tier ist ohnehin etwas ganz Besonderes, auf das Sie wirklich stolz sein können. In einigen Städten und Gemeinden wird sogar die Hundesteuer ermäßigt.

▸ Auf Richteranweisung werden die Hunde wieder abgeholt. Jetzt ist die BH-Prüfung beendet, Sie melden sich wieder in der GS beim LR ab, z. B. mit: „Teil B beendet".

Wenn alles gut gelaufen ist, gratuliert Ihnen der LR zur bestandenen Prüfung. Es ist ein tolles Gefühl eine Prüfung mit seinem Hund bestanden zu haben. Nach dem ganzen Prüfungsstress dürfen Sie wieder clicken, loben, spielen und ganz viel Spaß mit Ihrem Hund haben. Oft tut auch eine kurze Trainingspause Hund und Hundeführer gut.

STEH aus der Bewegung

In der Grundausbildung hat ihr Hund das Kommando STEH gelernt. Nun können Sie aufbauen.

Diese Übung wird in verschiedenen Hundesportarten verlangt. Prüfungsordnung VPG:
„Aus der GS geht der HF mit seinem frei bei Fuß folgenden Hund ca. 10 Schritte geradeaus. Auf Kommando STEH soll der Hund sofort ohne Nachgehen ruhig stehen bleiben. Der HF geht ca. 30 Schritte geradeaus weiter, ohne anzuhalten oder sich umzusehen. Dann dreht er sich um, auf Richteranweisung geht er zurück zum Hund, an dessen rechte Seite, mit Kommando SITZ bringt er den Hund in die GS."
Um die Übung sicher und korrekt auszuführen, muss sie schrittweise aufgebaut und abgesichert werden. Zuerst üben Sie geduldig das Stehenbleiben des Hundes nahe bei Ihnen, mit allen Hilfen. Das Sichtzeichen, Arm angebeugt, Handfläche zeigt zum eigenen Bauch, dazu das Hörzeichen STEH ruhig ausgesprochen (S. 20f.). Sie entfernen sich langsam einige Schritte, abwechselnd in verschiedene Richtungen. Erst mit der Front zum Hund, dann auch mit dem Rücken zum Hund. Dann gehen Sie einen Kreis um den Hund.

Mit Hilfen absichern

- **Als Hilfe** dazu evtl. für BLEIB, die gespreizte Hand. Wenn Sie einige Schritte entfernt sind, und er schön stehen bleibt, clicken Sie, gehen zurück zum Hund, folgen. Klappt dies gut, trainieren Sie mit Ablenkung. Jede richtige Aktion wird geclickt. Verleiten Sie den Hund nicht mit Futter oder Spielzeug in der Hand zum Nachgehen.

- **Auf einem Trainingstisch** (ca. 40 cm hoch, rutschfest). Die Begrenzung des Tisches ist eine passive Hilfe gegen das Nachgehen. Zuerst sind Sie wieder ganz nah am Hund und lassen ihn auf dem Tisch abliegen. Dann üben Sie von Position PLATZ in STEH. Sobald er steht, folgen .

- **Dann üben Sie** SITZ, PLATZ und STEH im Wechsel zur eindeutigen Differenzierung der einzelnen Kommandos. Bestätigen Sie jede Position einzeln mit , damit der Hund nicht vorgreift: „Ich hab nur für STEH was bekommen, also stelle ich mich am besten gleich wieder hin." Klappt dies, üben Sie die drei Positionen auf dem Tisch mit größerer Distanz. Variieren Sie die Reihenfolge, also auch STEH, PLATZ, SITZ usw.

Komplette Übung, noch mit Hilfe

▸ Sie gehen mit Ihrem Hund bei Fuß, nach einigen Schritten geben Sie das Kommando STEH, mit Sichtzeichenhilfe, evtl. kurzes Verharren oder noch BLEIB dazu sagen.

▸ Sobald der Hund steht, clicken Sie oder lassen eine Hilfsperson clicken, dann gehen Sie einige Schritte weiter, drehen sich um und gehen wieder zurück zum Hund, folgen.

▸ Achtung, Verwechslungsgefahr: Lassen Sie die Hilfe von der Sitzübung, das Eindrehen vor dem Hund, weg. Er könnte diese Körperhilfe mit SITZ verbinden und wird sich setzen, anstatt zu stehen. Auch hier ist es ganz wichtig, dass sich die Sicht- und Hörzeichen ganz klar voneinander unterscheiden.

▸ Klappt dies, clicken Sie beim nächsten STEH aus der Bewegung erst, wenn Sie sich umdrehen und kurz warten, dann gehen Sie zurück zum Hund und geben das Leckerchen in der Stehposition. Achten Sie darauf, dass Sie das Leckerchen erst am Hund aus der Tasche holen.
Wenn das alles gut klappt, bauen Sie mit dem Trainingsfortschritt sämtliche Hilfen ab.

Fit für STEH aus dem Laufschritt

▸ Halten Sie die Trainingseinheiten angemessen kurz und klar. Spielen Sie zur Belohnung ausgiebig mit Ihrem Hund. Prüfungsmäßig schließt auch diese Übung in der GS ab, das heißt, Sie gehen zurück zum Hund, an dessen rechte Seite, bringen Ihren Hund mit Kommando SITZ die GS.

▸ Die GS zum Schluss ist sicherlich das Einfachste, konzentrieren Sie sich im Training hauptsächlich darauf, das STEH zu bestätigen. Selbstverständlich können Sie auch STEH aus der Bewegung im Hütchentraining und im Spaßpark einbauen.

▸ Wer immer noch mehr will: Schwieriger wird die Übung aus dem Laufschritt heraus (VPG 3). Sie gehen FUSS im Laufschritt. Achten Sie darauf, dass Sie sich nach dem Kommando STEH den Laufschritt gleichmäßig beibehalten.
Nach STEH aus dem Laufschritt wird der Hund mit HIER abgerufen und wechselt mit FUSS in die GS über.
Ganz wichtig ist auch hier, dass Sie nicht immer abrufen, sondern immer wieder das Stehenbleiben clicken, zurück zum Hund gehen, folgen, zur Absicherung.

Sport – Spaß – Aktion mit Clicker

APPORT ohne Grenzen

Das Apportieren bietet viele neue Möglichkeiten, den Hund zu beschäftigen und Ihr Training wird anspruchvoller und interessanter.
Die dem Hund angeborene Eigenschaft, Beute zu tragen und sie in Sicherheit zu bringen, machen wir uns dabei zunutze.

Metallapport ist Hohe Schule.

Kurzwiederholung (S. 54 ff.)

- Sie clicken, während Ihr Hund von alleine etwas trägt und nehmen Ihre Hand unter den Gegenstand, bevor er ihn fallen lässt.
- Über das gemeinsame ‚Beutestreiten'-Spiel mit dem Lieblingsspielzeug Ihres Hundes bauen Sie Schritt für Schritt das Apportieren und das Ausgeben auf. Ganz wichtig ist, dass Ihr Hund Lust auf den Gegenstand hat. Zuerst clicken Sie das **Tragen**, dann das **Aufnehmen** und wieder das **Tragen**.
- Das Kommando BRINGS wird dazu eingeführt.
- Dann clicken Sie das ruhige **Halten** des Gegenstandes im Vorsitz und das AUSGEBEN.
- Nun legen Sie den Gegenstand einige Meter entfernt ab und schicken den Hund mit BRINGS zum Gegenstand. Jetzt clicken Sie das **Zurückbringen**. Dies lernt der Hund, bevor Sie den Gegenstand für die komplette Übung wegwerfen, **den Schluss der Übung also zuerst.**

Für den Hund ist das Zurückbringen und Abgeben viel schwieriger als das Hinlaufen (zur Beute). Deshalb ist es so wichtig, dass er die Aktion, die nahe bei Ihnen mit dem Lieblingsspielzeug oder dem Apportiergegenstand passiert, positiv und mit dem Gefühl der Sicherheit verknüpft.
Für AUS bekommt er das Spielzeug sofort wieder, dies bedeutet, das Spiel mit Ihnen geht weiter, oder er bekommt als Tauschgeschäft ein Leckerchen für das AUSGEBEN. Auf diese Weise wird er freudig Dinge bringen, vorsitzen und ausgeben, denn nur bei Ihnen, im Vorsitz, bekommt er die Belohnung.
Ob Spielzeug, Fressbeutel, Gießkanne, Zeitung, Besen oder Tasche, alles eignet sich zum Apportieren. Die Hauptsache ist, dass Ihr Hund Spaß dabei hat.
Wie bei allen Übungen sind Zwang und Gewalt fehl am Platz. Bedauerlicherweise sieht man gerade beim Apportieren oft noch solche Methoden. Für den Hund bedeuten sie nur Stress, Vertrauensbruch und Angst. Und genau dies wollen wir auf keinen Fall.

Othello, der Blumenkavalier.

Die Apportel im Hundesport je nach Prüfungsstufe

- VPG: Bringholz von 650, 1000 und 2000 Gramm.
- OB: Holz- oder Kunststoffapportel von 175 bis 650 Gramm und Metall-Apportel. Metallapport verlangt absoluten Gehorsam, denn für den Hund ist Metall im Fang sehr unangenehm.

Apportierfreude unbewusst vermiesen

Beispiel: Der Welpe trägt voller Freude Ihren neuen, teuren Schuh durch die Wohnung. Aus Angst, dass er den Schuh kaputt machen könnte, werden Sie wütend. Verknüpfung beim Hund: „Tragen war ganz schlecht …“ Bleiben Sie gelassen, nehmen Sie ihm den Schuh ab und zeigen Sie ihm sofort, mit welchem Gegenstand das Tragen eine Belohnung bringt. Es sei noch gesagt, dass der Hund mit seinem Fang sehr sensibel umgeht, und dass er das, was er trägt, noch lange nicht kaputt macht. Besonders Jagdhunde werden darauf trainiert, die Beute unversehrt zum Hundeführer zu bringen. Durch diese Geste überlässt der Hund seinem Menschen die Beute. Ein wunderbares Geschenk.

SMART

Apport auf der Ebene prüfungsmäßig

- **Grundstellung** während das Apportel ca. 10 Meter geworfen wird.
- **Mit BRINGS** zum Apportel schicken.
- **Aufnehmen** und zügiges Zurückbringen des Apportels.
- **Korrektes,** enges, gerades Vorsitzen und ruhiges Halten des Apportels.
- **Mit Kommando** AUS das Apportel in die Hand des Hundeführers ausgeben.
- **Mit FUSS** überwechseln in die Grundstellung.

Apport über die Schrägwand

Wenn das Apportieren auf der Ebene sicher klappt, können Sie die Übung mit einem Hindernis wie die Hürde oder der Schrägwand kombinieren. Vorausgesetzt, Ihr Hund ist bei bester Gesundheit.

Die Schrägwand kennen lernen

Die Schrägwand oder auch A-Wand genannt, stellt hohe Ansprüche an die Gelenke, Bänder und Muskeln des Hundes. Der Gesundheit Ihres Hundes zur Liebe, achten Sie von Anfang an darauf, dass er die ganze Wand abläuft, nicht wild darauf und verfrüht herunter springt. Hunde unter eineinhalb Jahren sollten die Wand noch nicht in der vollen Höhe (VPG 1,80 m) überwinden. Generell sollte diese Übung nicht zu oft und nicht immer in der vollen Höhe ausgeführt werden.

- Zuerst wird die Schrägwand **ganz flach** gestellt. Locken Sie Ihren Hund langsam über die Schrägwand, damit er Sicherheit und Vertrauen zum neuen Hindernis bekommt. Gehen Sie einige Male gemeinsam über die Wand, dann gehen Sie seitlich vorbei und zeigen ihm den Weg drüber. Schon richtige Ansätze, wie eine Pfote auf die Wand legen, clicken, folgen.
- Im Agility, Übergehen der A-Wand, befinden sich am Anfang und Ende der Wand so genannte Kontaktzonen, die der Hund berühren muss. Genau in diesen Bereichen bestätigen Sie Ihren Hund mit .
- Im nächsten Schritt den Hund über die Schrägwand (immer noch flach!) abrufen. Lassen Sie Ihren Hund vor der Wand absitzen, gehen Sie über die flache Wand auf die gegenüber liegende Seite und rufen Ihn mit HIER ab. Sobald er auf der Wand ist, clicken Sie, gibt's dann bei Ihnen, im Vorsitz.
- Jetzt mit dem Bringholz: Führen Sie den Hund mit dem Bringholz im Fang neben sich über die Wand, folgen. Dann rufen Sie den Hund mit dem Bringholz im Fang über die

Zuerst wird die Schrägwand flach gestellt.

Wand mit BRINGS ab. Jede richtige Aktion wird sofort geclickt, ❤ folgen im Vorsitz.

Die komplette Übung: HOPP, BRINGS, AUS, FUSS

Sie befinden sich ungefähr fünf Schritte vor der Wand, mit Ihrem Hund in der Grundstellung. Dann werfen Sie das Bringholz über die Wand, sodass es etwa fünf Meter dahinter landet. (Das Werfen vorher ohne Hund üben.) Auf Kommando HOPP (wie bei der Hürde) startet Ihr Hund. Ist er auf der Spitze der Wand, folgt das Kommando BRINGS. Er läuft zum Bringholz, nimmt es auf, kommt über die Wand zurück und sitzt vor. Auf AUS gibt er das Bringholz ab, auf FUSS wechselt er in die Grundstellung über.

▸ Je nach Bedarf clicken Sie einen dieser Teile: Hinklettern, Aufnehmen, Zurückklettern, Vorsitzen, Ausgeben oder Überwechseln in die Grundstellung.

Die Schrägwand wird nun ganz allmählich steiler gestellt. Bitte überfordern Sie Ihren Hund dabei nicht! Bisher hat er Sie immer auf der gegenüber liegenden Seite sehen können, auf einmal steht die steilere Wand dazwischen!

▸ Damit Ihr Hund nicht um die Wand herumgeht, klettern Sie nach Ihrem Hund ebenfalls auf die Wand. Er nimmt das Bringholz auf der anderen Seite auf, dreht sich um und er sieht Sie ... = vertraute Situation. Loben und motivieren Sie ihn und springen dann blitzschnell wieder von der Wand herunter, damit Sie ihren Hund beim Überklettern auf dem Rückweg nicht stören. Clicken Sie, sobald Ihr Hund an der Spitze der Wand zu sehen ist, unten angekommen folgt der Jackpot.

Zur Absicherung hilfreich: Lange Zeit entgegenklettern.

Apport über zwei Hindernisse

Dem apportierfreudigen, trainingsbegeisterten Hund bietet die Zweierkombination noch mehr. Auch hier wird schrittweise in einzelnen Teilen trainiert, abgesichert und die Übung erst dann komplett zusammengesetzt. Beispiel: Apport über eine Hürde und durch einen Tunnel.
Zuerst die (nicht zu hohe) Hürde: Hin- und Rücksprung (HOPP, HOPP) üben, während Sie an der Seite der Hürde vorbeigehen. Das Ganze nochmals mit dem Bringholz im Fang. Danach rufen Sie Ihren Hund, mit Bringholz im Fang, über die Hürde ab. Dann die ganze Übung: Apport über die Hürde. HOPP, BRINGS, AUS, FUSS. Genauso der Tunnel: Das Durchgehen üben, indem Sie an der Seite des Tunnels mitgehen. Während Ihr Hund durch den Tunnel geht, sagen Sie DURCH. Dann das Ganze mit dem Bringholz. Danach rufen Sie Ihren Hund, mit dem Bringholz im Fang, durch den Tunnel ab. Gehen Sie ruhig zuerst dazu in die Hocke, damit Ihr Hund Sie durch den Tunnel sehen kann. Wenn alles sicher klappt, die ganze Übung: Apport durch einen Tunnel. DURCH, BRINGS, AUS, FUSS. Sämtliche richtigen Aktionen.

1 ◂ Erst wenn Ihr Hund die einzelnen Teile sicher beherrscht, wird die Übung zusammengesetzt. Hürde und Tunnel mit genügend Abstand aufstellen. Beide Hindernisse in Folge üben: HOPP und DURCH. Sie laufen an der Seite einige Male hin und zurück mit. Dann das Ganze mit dem Bringholz, dann Abrufen über beide Hindernisse. Jetzt wagen Sie die komplette Übung: GS, Holz über beide Hindernisse werfen oder durch eine Hilfsperson auslegen lassen.

2

◂ **Auf HOPP** geht's los. Ihr Hund springt über die Hürde. Noch im Sprung sagen Sie DURCH. Notfalls laufen Sie nochmals an der Seite mit. Sobald er in den Tunnel geht, clicken Sie, so bestätigen Sie den Übergang zum zweiten Hindernis. ❤ folgen, wenn er aus dem Tunnel herauskommt. Später bleiben Sie in der Grundstellung stehen, Ihr Hund macht die Übung alleine.

▸ **Der Hund** ist noch im Tunnel, Sie rufen BRINGS. Er sieht das Bringholz und nimmt es auf. Jetzt Clicken, wenn Sie das Aufnehmen bestätigen wollen. Sobald er es aufgenommen hat, sagen Sie DURCH. Ganz entscheidend ist, wie immer beim Apportieren, der Rückweg. Bestätigen Sie viele Male genau den Moment mit Click, in dem er mit dem Bringholz in den Tunnel geht. ❤ folgen.

3

4

◂ **Der Hund** kommt aus dem Tunnel, mit HOPP noch für den Rücksprung anfeuern, geschafft! Ihr Hund sitzt mit Bringholz im Fang vor. Nach AUS gibt's den Jackpot und ganz viel Lob. Perfekt schließen Sie mit FUSS in der GS ab. Bei jedem Versuch können Sie nur einen bestimmten Teil clicken. Überlegen Sie vorher genau, welchen: auf dem Hinweg HOPP, DURCH, BRINGS oder auf dem Rückweg DURCH, HOPP, AUS oder FUSS.

Gassi intensiv

Die folgenden Aktivitäten bieten gesunden und aktiven Hunde ideale körperliche Auslastung und sind für Mensch und Tier eine schöne Abwechslung zum alltäglichen Gassi gehen. Wichtige Voraussetzung: Ihr Hund gehorcht auch ohne Leine zuverlässig.

Vorher zu bedenken

Ob Sie mit Ihrem Hund Fahrrad fahren, Inlineskaten oder ihn zum Ausreiten mitnehmen, beachten Sie bitte Folgendes:

- Bei jungen Hunden: Die Wachstumsphase des Hundes sollte abgeschlossen sein; je nach Rasse und individueller Entwicklung sollte er mindestens zwölf Monate alt sein.
- Bei allen Hunden: Lassen Sie Ihren Hund vorher tierärztlich durchchecken. Übertreiben Sie das Training nicht, achten Sie auf genügend Pausen und kontrollieren Sie die Pfoten.

Bein Inlinen können Sie richtig Speed geben.

Fahrrad fahren

Gewöhnen Sie Ihren Hund langsam an das Fahrrad.

- Zuerst schieben Sie das Rad und führen den Hund rechts neben sich an einer speziellen Fahrradleine mit Ruckdämpfer. Immer dann, wenn er schön mitgeht, folgen .

Genauso können Sie ihn auch an einen „Fahrradhalter für Hunde" gewöhnen. Erst das Rad schieben, nach einigen Schritten den Hund am Halter befestigen. Bei den allermeisten Hunden ist es schon nach kurzer Zeit möglich, aufzusteigen und loszufahren. Zum „rechts-am-Rad-gehen" führen Sie z. B. das Kommando RAD ein. Klappt dies, folgen .

- Anhalten und Kurven fahren üben Sie zuerst auf einem ruhigen Parkplatz, ebenfalls in Einzelschritten.
- Das Ziel: Ihr Hund darf frei laufen, auf Kommando geht er dicht und kontrolliert am Rad. Auch angeleint am Rad, an Straßen und in der Stadt, macht er keine Probleme.

Mit dem ausschließlich angeleinten Hund Fahrrad zu fahren ist kein Gassi-Ersatz. Der Hund muss schnuppern, Duftmarken setzen und Sozialkontakte pflegen dürfen. Fazit: Gehorsam bedeutet mehr Freiheit.

- Treiben Sie Ihren Hund nicht, besser Sie lassen ihn das Tempo machen. Nehmen Sie immer genügend Wasser mit und verzichten Sie auf das Fahrrad fahren, wenn es zu warm ist.

Inlineskaten

Hierbei ist das Wichtigste, dass Sie wirklich gut skaten und vor allem bremsen können. Wenn Sie sich von Ihrem Hund ein Stück ziehen

Ein Ausritt macht mit dem Hund viel mehr Spaß.

lassen möchten, legen Sie ihm dazu ein Brustgeschirr an. Ein Halsband würde ihm die Kehle zuschnüren! Zuerst wird der Hund wieder schrittweise an das Inlineskaten gewöhnt. Clicken und loben Sie ihn jedesmal bei gewünschtem Verhalten.

Reiten

Ihr Hund muss an Pferde gewöhnt sein und umgekehrt. Generell sollten sie nie unbeaufsichtigt zusammen gelassen werden. Außerdem sollte Ihr Hund ohne Leine wirklich sehr gut folgen, denn ihn vom Pferd aus an der Leine zu führen, ist für alle Beteiligten sehr gefährlich. Ihr Hund läuft also frei mit, wenn Sie reiten. Gewöhnen Sie das Pferd und den Hund an das gemeinsame Gehen, indem Sie beide an Strick und Leine miteinander spazieren führen. Wenn dies auch im Trab funktioniert, leinen Sie den Hund ab.
Erst dann setzen Sie sich auf das Pferd. Richtige Aktionen, wie nicht bellen oder nicht hochspringen, clicken Sie, das Leckerchen werfen Sie Ihrem Hund zu. Führen Sie wie beim Fahrrad fahren für das ‚rechts neben dem Pferd gehen', ein Kommando ein.

SMART

Rechts statt links führen

- **Aus Gründen der Verkehrssicherheit** geht der Hund am Rad und am Pferd rechts vom Hundeführer.
- **Zur klaren Differenzierung:** FUSS bedeutet, links vom Hundeführer gehen.

Winterpause – nicht bei uns!

Für den Hund gibt es zu jeder Jahreszeit geeignete Beschäftigungsmöglichkeiten. Gerade im Schnee haben die meisten Hunde unglaublich viel Spaß. Die kühle Temperatur kommt ihnen entgegen, während Sommerhitze den meisten eher zu schaffen macht.

Othello stellt jeden Schneepflug in den Schatten.

Also, richten Sie sich darauf ein, im Hochsommer wird nur früh morgens oder spät abends trainiert, sonst ist Baden gehen angesagt, nebenbei können Sie „Stöckchen-aus-dem-Wasser-apportieren" üben.
Damit Ihr Hund im Winter nicht zum frustrierten Stubenhocker wird, beschäftigen Sie Ihn auch in der Wohnung beispielsweise mit Apportieraufgaben und Futterspielen. Vor allem aber ziehen Sie sich warm an und gehen Sie zusammen hinaus in die schöne Winterlandschaft.

Im Winter zu beachten

Die Pfoten werden durch Eis, Schnee, Salz und scharfe Splittkörnchen stark beansprucht. Es kann zu Rissen und Schmerzhaftigkeit in den Ballen kommen. Dann leckt der Hund noch an den Ballen und das Salz kommt in den Magen.
▸ Verstärkte Pfotenpflege ist also sinnvoll. Sie können zur Vorbeugung eine hauchdünne Schicht Melkfett oder Ähnliches vor dem Spaziergang auftragen. Dies wirkt auch gut gegen die Schneeklumpen in den Pfotenhaaren. Wenn Sie dennoch welche entfernen müssen, bitte vorsichtig sein, nicht das Fell zwischen den Ballen mit ausrupfen, denn dies tut dem Hund sehr weh.
▸ Lassen Sie Ihren Hund nicht lange in der Kälte oder nass im Auto liegen, denn es droht Erkältungsgefahr. Nach dem Gassi waschen Sie die Pfoten sorgfältig mit lauwarmem Wasser und trocknen den Hund ab. Achten Sie darauf, dass er jetzt auf einer Decke liegt. Hat Ihr Hund bereits wunde Pfoten oder ist dort sehr empfindlich, besorgen Sie ihm Booties, spezielle Schuhe, wie sie die Schlittenhunde tragen.

Los geht's im Schnee

Wenn nicht gerade Tiefschnee oder Eis auf dem Übungsplatz liegen, können Sie mit Ihrem Hund wunderbar trainieren. Ist es rutschig, sollten Sie allerdings die Hindernisse wegen der Verletzungsgefahr weglassen.

Hier dürfen die Hunde endlich einmal ziehen.

▸ **Schlitten oder Bob ziehen.** Dafür braucht Ihr Hund ein Brustgeschirr, besser ein spezielles Zuggeschirr. Ein Kind oder eine nicht zu schwere Person sitzt im Bob, hält die Leine, und Sie gehen vor dem Hund voran. Motivieren Sie Ihren Hund zum Mitgehen. Zieht er schön, folgen 🔔 C ❤. Führen Sie etwa das Kommando ZIEH dazu ein, schon bald wird er von alleine den Bob ziehen, auch wenn keine Person voran geht. Bergauf lassen Sie ihn den leeren Bob ziehen. Ganz lustig wird's mit zwei Hunden vor dem Bob …

▸ **Schnee schippen:** Mit dem Clicker können Sie die kuriosesten Verhaltensweisen „einfangen“, indem Sie einfach clicken, während Ihr Hund ein Verhalten zeigt, welches Ihnen gefällt. Wer käme schon auf die Idee, seinem Hund das Schnee schippen beizubringen und vor allem wie. Othello macht es vor: Er ist neugierig und stupst mit der Schnauze an die Schneeschaufel, 🔔 C ❤ folgen. Nach einigen weiteren Clicks für das Schnee schippen hat er verstanden, worum es geht und hilft von sich aus mit. Sobald die Schaufel zum Schippen angesetzt wird, dockt er mit der Schnauze an und rennt damit los. Völlig albern und ausgelassen hat er Spaß dabei. Die Idee kam von ihm.

Handschuh identifizieren

Hunde haben von Natur aus einen ausgezeichneten Geruchssinn. Ihre „ Supernase“ ist für sie die wichtigste Informationsquelle.

Auf der Riechschleimhaut des Hundes befinden sich etwa 220 Millionen Riechzellen, beim Menschen nur ungefähr 5 Millionen. Der Hund kann einen intensiven Geruch bis zu 300 Mal pro Minute einatmen, ihn selektiv aufnehmen, analysieren, im Gedächtnis speichern und später wieder erkennen. Rettungs-, Lawinen- oder Drogensuchhunde können dank dieser Fähigkeit zu solchen Spezialisten ausgebildet werden. Die Sucharbeit ist für den Hund eine erhebliche körperliche und geistige Anstrengung.
Sicher haben Sie schon beobachtet, dass Hunde irgendwelche Fährten aufstöbern. Ihr Hund soll aber kontrolliert suchen lernen, das ist etwas anderes. Bei dieser Übung geht es uns nicht um die traditionelle Fährtenarbeit im Hundesport. Hier soll Hund lernen, einen Gegenstand, der Ihren Geruch trägt, unter mehreren, gleich aussehenden Gegenständen zu identifizieren und diesen zu bringen.

Verlorensuche

Voraussetzung: Ihr Hund apportiert gerne.

Sie gehen mit Ihm Gassi. Spielen Sie gemeinsam mit einem Ihrer Handschuhe. Dann lassen Sie Ihren Hund den Handschuh ein Stück tragen. folgen. Später lassen Sie den Handschuh fallen und gehen einige Schritte weiter. Dann rufen Sie Ihren Hund zu sich, erregen seine Aufmerksamkeit und schicken ihn mit Sichtzeichenhilfe zum Handschuh. Sagen Sie: „SUCH VERLOREN, BRINGS!“ dazu. Er sieht den Handschuh, rennt los, nimmt ihn auf und bringt ihn.

▸ Schon das Losrennen oder das Aufnehmen können Sie clicken. gibt's dann bei Ihnen. Bald wird er auf „SUCH VERLOREN“ den Weg zurück verfolgen, um den Handschuh zu finden. Schwieriger wird die Übung, wenn der Handschuh außer Sichtweite liegt. Dann muss er den Weg genauer absuchen.
Diese Übung lockert einen Spaziergang auf und fördert die geistige Beweglichkeit des Hundes. Natürlich können Sie ihn den Handschuh oder allerlei andere Gegenstände auch zu Hause suchen lassen. Lassen Sie Ihren Hund daran riechen, bevor Sie sie verstecken.

Eigenidentifikation von Gegenständen

Unter mehreren Handschuhen den eigenen finden und bringen.

▸ Den eigenen Handschuh haben Sie einige Zeit am Körper getragen. Nun lassen Sie eine Hilfsperson mehrere fremde Handschuhe und den eigenen auslegen. Die fremden Handschuhe sind neutrale Gegenstände. Sie dürfen nicht nach Ihnen riechen müssen also neu oder gereinigt sein. Wenn Sie alleine üben, bewahren Sie diese neutralen Gegenstände in einer fest verschließbaren Kiste auf und legen Sie sie mit Hilfe einer blitzsauberen Grillzange aus.

▸ Gehen Sie mit Ihrem Hund recht nah an die Handschuhe heran. Mit SUCH VERLOREN, ermuntern Sie ihn zum Suchen. Sobald er den richtigen Handschuh abschnuppert, clicken Sie, ❤ folgen. Wie bei allen anderen Übungen, clicken Sie auch hier schon den kleinsten, richtigen Ansatz. In dieser Phase muss der Hund den Gegenstand noch nicht perfekt identifizieren oder gar bringen. Jetzt geht es nur darum, dass er die Unterscheidung der verschiedenen Gerüche lernt. Wenn Ihr Hund am richtigen Handschuh ist, sagen Sie BRINGS. Sobald er ihn aufnimmt, clicken Sie, ❤ gibt es dann bei Ihnen.

Geruchsunterscheidung

im Obedience

Zum besseren Verständnis wurde auf den Fotos der ‚eigene Handschuh' in Rot gewählt. Bei dieser Übung sollten Sie nur gleich aussehende Gegenstände wählen, damit der Hund wirklich nur mit der Nase suchen lernt. Sie müssen sich also gut merken, welcher der richtige Gegenstand ist. Mit der Zeit können Sie die Anzahl der ausgelegten Gegenstände erhöhen.
Im Obedience ist die Geruchsunterscheidung ein Bestandteil der Prüfung.

▸ Der Hundeführer erhält vom Richter einen Holzgegenstand (ca. 10×3 cm), den er eine Weile bei sich trägt, damit dieser seinen Eigengeruch annimmt.

▸ In Abwesenheit von Hundeführer und Hund werden fünf gleiche, neutrale Holzgegenstände sowie der Holzgegenstand des HF ausgelegt. Die neutralen Gegenstände werden in einem verschlossenen Eimer aufbewahrt und nur mit einer Zange berührt.

▸ Der Hund wird aus 10 Metern Entfernung zu den Gegenständen geschickt, er hat drei Minuten Zeit, den richtigen zu identifizieren und dem Hundeführer zu bringen. Auch diese Übung beginnt und endet in der Grundstellung.

Distanz-kontrolle

Bei der Übung SITZ, PLATZ, STEH auf Distanz erhöht sich der Schwierigkeitsgrad durch die Entfernung zwischen Hund und Mensch.

Zuerst muss die Übung ganz nahe am Hund wirklich sicher klappen, erst dann steigern Sie langsam die Distanz.
SITZ, PLATZ, STEH im Wechsel (S. 39) üben Sie in frontaler Stellung, ungefähr einen Meter vor Ihrem Hund. Zur Hilfe trainieren Sie die Übungen auf dem Tisch (Seite 22). Sicht- und Hörzeichen für die drei Positionen sollen sich stark voneinander unterscheiden und immer gleich ausgeführt werden. Variieren Sie die Reihenfolge der Positionen. Ziel ist es, dass der Hund beim schnellen Positionswechsel Ihnen nicht entgegengeht. Korrekt von SITZ in STEH zu wechseln, ist schwierig, denn der Hund muss quasi mit den „Hinterbeinen zurück" aufstehen. Die Tendenz nach hinten sichern Sie über das Rückwärtsgehen ab: Direkt vor dem Hund üben Sie STEH-BACK (siehe Bild Seite 57), indem Sie ihn durch leichtes Drängen zum Rückwärtsgehen animieren. Sobald er sich rückwärts bewegt, folgen . Führen Sie dazu beispielsweise BACK ein. Dann sagen Sie lange Zeit bei dieser Übung zu STEH gleich BACK dazu.

Distanzkontrolle im Obedience

Wechsel in SITZ

- Die „Kontrolle auf Distanz" ist eine Prüfungsübung im OB: Der Hund befindet sich in liegender Stellung auf einem bezeichneten Platz. Vor dem Hund wird mit Hilfe einer imaginären Linie zwischen zwei Pylonen eine Grenze gezogen. Auf Anweisung entfernt sich der HF zu einer ungefähr 15 Meter weit entfernten Stelle. Der HF erhält die Anweisung, wann der Hund zum SITZ, STEH und wieder PLATZ wechseln soll. Die Reihenfolge bestimmt der Richter. Sicht- und/oder Hörzeichen sind erlaubt. Der Hund sollte drei Mal die Stellung wechseln. Auf Anweisung kehrt der HF zum Hund zurück.

- Besonders geachtet wird darauf, dass der Hund die Stellung rasch wechselt und sich dabei möglichst überhaupt nicht nach vorne bewegt.

Um diese Übung prüfungsreif zu beherrschen, brauchen Sie viel Geduld und die Zeit für einen exakten, schrittweisen Aufbau. Streuen Sie die Distanzkontrolle immer wieder in Ihren Trainingsplan ein. Auch ohne angestrebte Prüfung macht die Übung Spaß.

Wechsel in PLATZ

▸ Einige HF beginnen das Training mit der Distanzkontrolle. So soll die Konzentration aufgebaut und gefördert werden. Sie sind dabei allerdings nur ein paar Meter vom Hund entfernt. Anderen Hunden kommt diese Übung am Schluss einer Trainingseinheit mehr entgegen, wenn sie schon etwas müde sind. Den geeigneten Zeitpunkt finden Sie am besten selbst heraus, denn Sie wissen, wann Ihr Hund etwas am besten machen kann.

▸ Schritt für Schritt: SITZ, PLATZ, STEH im Wechsel, einen Meter vor Ihnen, klappt sicher. Drei Sekunden sollten Sie zwischen den Kommandos immer warten. Jetzt gehen Sie dazu über, nicht mehr jede Position einzeln zu clicken. Sie clicken variabel: Mal jeden, dann jeden zweiten oder dritten Positionswechsel: SITZ, dann PLATZ, folgen. Oder SITZ, dann STEH, folgen. Oder PLATZ, STEH, folgen.
Dann clicken Sie nur noch das schnelle Wechseln oder das Wechseln ohne Entgegenkommen. Wenn nötig, üben Sie STEH noch mit dem Zusatz BACK.

Wechsel in STEH

▸ Nun erhöhen Sie langsam die Distanz. Bei Problemen gehen Sie wieder einige Schritte im Trainingsniveau zurück. Der Clicker ermöglicht Ihnen das Loben auf Distanz, ohne dass es Freigabe bedeutet. Denn Click bedeutet für den Hund richtig, Leckerchen kommt demnächst. Sie können also eine Position clicken, einen weiteren Wechsel verlangen und erst dann zum Hund gehen und .

▸ Beispiele für Clicken auf Distanz:
SITZ , PLATZ, STEH dann gehen Sie zum Hund, folgen.
PLATZ, STEH , SITZ, dann zurück zum Hund, folgen.
Achtung: Clicken Sie nie mehrmals in Folge, nach jedem Click gibt es ein Leckerchen! Die Zeitspanne zwischen Click und Leckerchen ist nicht entscheidend.
Zur Hilfe legen Sie vor den Hund ein Brett auf den Boden, das die imaginäre Linie darstellt. Auch wenn Ihr Hund die Übung auf Distanz schon gut kann, variieren Sie trotzdem immer wieder die Entfernung. So bleibt die Übung interessant und wird abgesichert.

Voran-Puzzle

Ist Ihr Hund sehr lernfreudig und kann einfach nicht genug kriegen, dann sind zusammengesetzte Übungen genau die richtige körperliche und geistige Beschäftigung für ihn.

Die vielen Schritte einer zusammengesetzten Übung müssen zuerst einzeln sicher klappen, bevor sie kombiniert werden. Diese Übung ist eine Abwandlung von VORAN (S. 52). Damit es für Ihren Hund nicht zu Verwechslungen kommt, wählen Sie für das VORAN-Puzzle ein anderes Triebziel, beispielsweise einen Plüschball, den Sie nur für diese Übung benützen. Zur Sicherheit nehmen Sie anstatt VORAN, auch ein anderes Kommando wie BALL. Ihr Ziel: Sie schicken den Hund zum Ball, auf PLATZ legt er sich daneben. Auf NIMMS und SITZ nimmt er den Ball und setzt sich. Auf Sichtzeichen hebt der die Pfoten dazu.

Drei Dinge zugleich tun: Sitzen auf Distanz, Ball halten und Pfote heben kann ein Hund durch schrittweisen Aufbau durchaus lernen.

1 BALL … PLATZ

Wichtig: Ihr Hund hat Lust auf den Ball. Zuerst soll er auf PLATZ neben dem Ball liegen, oder Spiel folgen.
Legen Sie den Ball ein Stück entfernt ab. Schicken Sie Ihren Hund zum Ball, indem Sie auf den Ball zeigen und dazu BALL sagen. Zur Hilfe eventuell ein paar Mal: VORAN BALL. Das Hinlaufen . Dann PLATZ am Ball, .

2 NIMMS UND SITZ

Der Hund liegt neben dem Ball nahe vor Ihnen. Auf NIMMS und SITZ nimmt er auf, folgen. Pfotenheben: Durch Vorturnen und Nachmachen üben (S. 51), erst ohne Ball, dann mit Ball im Fang. Sobald er eine Pfote hebt folgen . Wenn dies gut klappt, können Sie die beiden Teile in Folge trainieren. Dann üben Sie die gleichen Übungen, nach gleichem Schema, mit etwas Entfernung. Richtige Aktionen . Wenn dies klappt, üben Sie BALL, PLATZ mit NIMMS und SITZ in Folge. Richtige Aktionen clicken, zum Hund gehen, folgen. So kommen Sie schrittweise ans Ziel.

3 Die komplette Übung

Ihr Hund ist in der Grundstellung. Sie werfen den Ball. Auf BALL rennt er hin, auf PLATZ liegt er. Auf NIMMS und SITZ sitzt er mit dem Ball im Fang. Auf Sichtzeichen hebt er dazu die Pfoten im Wechsel. Solche Übungen verlangen Konzentration. Überfordern Sie Ihren Hund nicht, gerade der Aufbau in kleinen Schritten macht riesig Spaß. Lob und Spiel nicht vergessen!

Nützliches & Trend-Sport geclickt

GIB LAUT

Ihr Hund soll lernen, auf Hörzeichen und/oder Sichtzeichen zu bellen. Dies ist nützlich, denn wenn er auf ein bestimmtes Kommando hin bellen darf, können Sie ihm einfacher mit einem anderen Kommando das Ruhigsein beibringen. Außerdem wird das natürliche Bedürfnis des Hundes zu Bellen befriedigt, allerdings unter kontrollierten Bedingungen.

Schritt für Schritt

Bei den meisten Hunden gibt es sicherlich Situationen, in denen sie von alleine bellen.

▸ **1. Möglichkeit:** Während Ihr Hund von sich aus bellt, folgen. Dann führen Sie beispielsweise das Hörzeichen GIB LAUT dazu ein. Als Sichtzeichen wählen Sie ein Zeichen, das sich von den bereits verwendeten stark unterscheidet, beispielsweise einen angewinkelten Arm mit Faust.

▸ **2. Möglichkeit:** Sie provozieren das Bellen. Ihr Hund sitzt vor Ihnen, Sie haben ein gut duftendes Leckerchen in der Faust, Sie bewegen sich nicht und warten. Jetzt überlegt der Hund: „Was kann ich machen, damit ich das Leckerchen bekomme.“ Vielleicht bietet er von sich aus Platz oder Steh oder Pfotenheben an. Dies ignorieren Sie. Er wird langsam sauer und fängt an zu bellen, folgen. Nun führen Sie ebenfalls Sicht- und/oder Hörzeichen dazu ein.

Zuerst GIB LAUT im Vorsitz üben.

FERTIG

▸ **Ziel ist,** dass Ihr Hund auf GIB LAUT, mit oder ohne Faust, solange bellt, bis Sie FERTIG sagen. Das mehrmalige Bellen in Folge fördern Sie durch Anfeuern: Beim Bellen sagen Sie mehrmals GIB LAUT. Bellt er schön, folgen . Sobald er ruhig ist, folgen , FERTIG wird dazu eingeführt. Bald wird Ihr Hund auf GIB LAUT anhaltend bellen und auf FERTIG damit aufhören.

Schwieriger, GIB LAUT *auf Distanz.*

Übungen mit GIB LAUT

Nachdem Sie das Lautgeben im Vorsitz trainiert haben, können Sie GIB LAUT beispielsweise auch im PLATZ üben. Sobald Ihr Hund eine gewünschte Aktion zeigt, folgen . Oder Sie verlangen einen Positionswechsel: Von SITZ in PLATZ, dann noch GIB LAUT dazu. Wenn dies alles gut klappt, steigern Sie den Schwierigkeitsgrad durch eine größere Distanz. Ihr Hund sitzt, Sie entfernen sich einige Schritte. Dann sagen Sie zur Hilfe eventuell noch BLEIB und GIB LAUT. Sobald er bellt, clicken Sie und gehen zum Hund, folgen.

GIB LAUT können Sie maßvoll mit einigen Übungen kombinieren. Achten Sie wieder auf den schrittweisen Aufbau. Sichern Sie die Übungen erst einzeln ab, damit der Hund das Bellen nicht zu oft von sich aus anbietet.

SMART

GIB LAUT im Hundesport und Einsatz

- **Im Schutzdienst** der VPG, muss der Hund den Helfer im Versteck „Stellen und Verbellen".
- **In der Schweiz** ist Lautgeben im Vorsitz und auf Distanz eine Übung der Unterordnung.
- **Rettungshunde** zeigen gefundene Opfer beispielsweise durch Bellen an, sowie
- **Diensthunde** zum Beispiel durch Bellen Personen, Tabak, Drogen anzeigen.
- **Alle diese Hunde** müssen allerdings zuerst einmal das Laut geben in der gewünschten Situation erlernen.

Agility: SLALOM

Die Trend-Sportart Agility, zu der der Slalom gehört, gewinnt immer mehr an Beliebtheit. Sie verbindet sportliche Leistung und Geschicklichkeit von Hund und Mensch mit Gehorsam und Disziplin.

Aufgrund der körperlichen Belastung im Agility, ist es auch hier wieder ganz wichtig, dass Ihr Hund gesund ist (vorher mit dem Tierarzt abklären) und sich für diese Sportart eignet. Welpen und Junghunde sollten Sie bis zu einem Jahr nicht springen lassen, keine steilen Auf- und Abgänge oder extrem schnelle Wendungen trainieren. Für Ambitionierte gibt es Agility-Turniere. Sie können es aber auch „just for fun" betreiben. Einige Hindernisse eines Agility-Parcours, wie Hürde, Tunnel, A-Wand, Tisch, haben Sie bereits kennen gelernt. Der Slalom ist eine sehr schwierige Übung, die schrittweise mit Geduld aufgebaut werden muss.

Distel rennt perfekt durch den Slalom.

1 Die Gasse

Zuerst lernt Ihr Hund, freudig und schnell durch die Gasse zu rennen: Sie stellen die Stangen so weit auseinander auf, dass sie eine Gasse bilden. Ihr Hund sitzt neben Ihnen vor der Gasse, Sie halten ihn fest. Am anderen Ende der Gasse macht sich eine Hilfsperson mit dem Lieblingsspielzeug oder Futter interessant. Sie lassen den Hund los. Sobald er durch die Gasse rennt, folgen. Genauso können Sie Ihn durch die Gasse abrufen, wenn er rennt, folgen.

2 Kommando einführen

Nun führen Sie das Kommando SLALOM dazu ein. Legen Sie zur Motivation Spielzeug oder Futter an das Ende der Gasse und schicken den Hund mit SLALOM durch. folgen. Dies üben Sie so lange, bis er schnell durch die Gasse rennt. Erst jetzt gehen Sie, wenn er losrennt, an den Seiten der Stangen mal links, mal rechts mit. Überholen Sie ihn auch einmal dabei. Der Hund sollte bei dieser Übung nicht zu sehr auf Sie fixiert sein, sonst besteht die Gefahr, dass er den Slalom zu früh verlässt. Hat er verstanden, auf SLALOM durch die Gasse zu rennen, üben Sie, ihn aus verschiedenen Winkeln in den Eingang des Slaloms zu schicken.

3 Schlängeln

Die erste Stange des Slaloms muss immer an der linken Schulter des Hundes sein. Clicken Sie das „richtige“ Einfädeln lange Zeit. Dann stellen Sie die Stangen zentimeterweise immer enger zusammen und wiederholen die Übungen. Bald wird er anfangen, sich durchzuschlängeln. Richtige Aktionen. Ziel ist, dass die Stangen in einer Reihe stehen, Ihr Hund auf SLALOM aus jedem Winkel richtig einfädelt und schnell durch den Slalom rennt.

Wesensfestigkeit

Nicht alle Hunde haben das Glück, vom Welpenalter an jede Entwicklungsphase artgerecht, problemlos und positiv zu erleben.

Durch schlechte oder mangelnde Erfahrungen mit Menschen, Umwelt oder Artgenossen, Vernachlässigung und auch durch Überbehütung und Bewahrung konnten viele Hunde in den wichtigen Entwicklungsphasen nicht genügend Erlebnisse positiv verknüpfen. Man spricht dann schnell von „Wesensmängeln". Meist fehlt es an Wissen und Verständnis des Hundeführers, was zu fehlendem Vertrauen und Missverständnissen führt. Die meisten Hunde können bei so genanntem Fehlverhalten mit viel Fingerspitzengefühl und Geduld desensibilisiert werden.

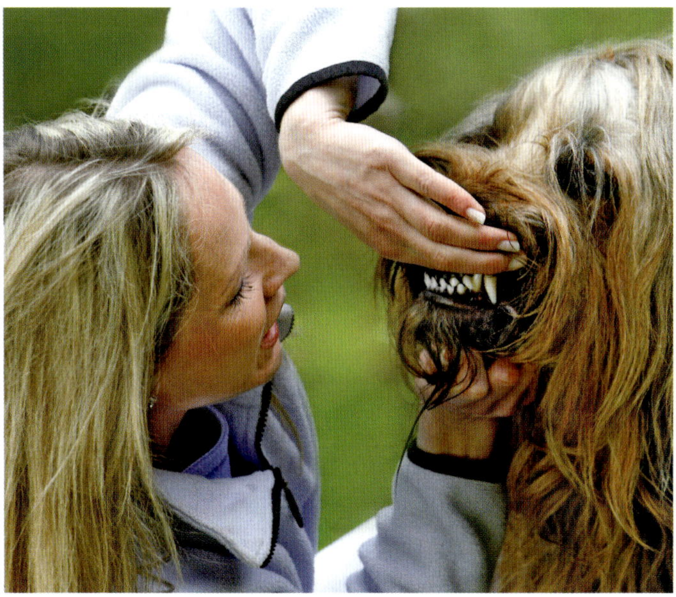

Üben Sie das Gebiss zeigen zuerst in entspannter Umgebung.

Desensibilisierung

In welcher Situation auch immer Ihr Hund eine Unsicherheit zeigt, ist es wichtig, dass Sie dies überhaupt erkennen. Dann suchen Sie nach eventuellen Ursachen und entwerfen einen Desensibilisierungsplan.

- Sie stellen die Situation mit Hilfspersonen nach und geben Ihrem Hund die Möglichkeit, diese Situation neu mit Positivem zu verknüpfen. Ganz tolle Leckerchen, der Clicker und viel positive Ausstrahlung helfen dabei.
- Schon die kleinsten Ansätze zu richtigem Verhalten werden geclickt und belohnt. Rücken Sie, je nach Gefühl, auch den ganzen Jackpot heraus.
- Falsch wäre es, der unsicheren oder nicht richtig verknüpften Situation aus dem Weg zu gehen oder den Hund zu etwas zwingen. So würden Sie sein unsicheres Verhalten verstärken.

Jeder Hundebesitzer wünscht sich seinen Hund sozialverträglich und umweltsicher.

- Üben Sie mit Ihm, wenn möglich vom Welpenalter an, immer wieder verschiedene Umwelterlebnisse positiv zu verknüpfen. So wird Ihr Hund in sämtlichen Situationen immer sicherer. Auch in allen Hundesportprüfungen muss sich der Hund unbefangen zeigen, das heißt, weder ängstlich noch aggressiv gegenüber Mensch und Tier.

So wird der Hund vom Richter auf Ausstellungen angefasst.

Das Gebiss zeigen

Auf Ausstellungen und im Obedience (Beginner Klasse) müssen Sie dem Richter durch Anheben der Lefzen das Gebiss des Hundes zeigen. Das Gebiss soll geschlossen und die Zähne sichtbar sein. Der Hund darf dabei sitzen. Doch nicht nur beim Richter, auch beim Tierarzt könnte es einmal nötig sein, dem Hund in den Fang zu fassen. Wenn Ihrem Hund einmal ein Stück Kauknochen oder ein Stöckchen im Gaumen klemmt oder er etwas am Zahn hat, müssen Sie ebenfalls in den Fang fassen können, um ihm zu helfen.

Zuerst üben Sie in einer entspannten Situation, Ihrem Hund in den Fang zu fassen. Mit ein wenig Leberwurst am Finger geht dies ganz einfach. Bestätigen Sie mit dem Clicker richtiges Verhalten, folgen. Wenn dies klappt, lassen Sie Hilfspersonen mit Ihrem Hund das ‚Gebiss zeigen' üben.

SMART

Von Fremden anfassen lassen

- **Auf Ausstellungen,** beim Tierarzt und im Obedience (Beginner Klasse) muss sich Ihr Hund von Fremden anfassen lassen.
- **Üben Sie** mit verschiedenen erfahrenen Hilfspersonen, die zuerst in die Hocke gehen, keinen Blickkontakt zum Hund aufnehmen und dann langsam den Hund füttern und streicheln.
- **Schon Ansätze** des unbefangenen Verhaltens clicken und belohnen Sie. Wenn es hierbei keine Probleme gibt, steigern Sie die Übung schrittweise.

Über den Steg gehen

Diese Übungen fördern die Gewandtheit und Selbstsicherheit Ihres Hundes. Ob er später im Agility über den Laufsteg, in einer Rettungshundprüfung über die Holzbrücke oder -bohle gehen soll oder ob Sie dies nur zur Auflockerung üben, Mitmachen und Spaß haben ist die Hauptsache.

Die Hunde lernen, über den Steg zu gehen.

Den Steg kennen lernen

Zuerst legen Sie ein Brett von etwa 4,5 m Länge und 40 cm Breite auf den Boden.

▸ **Zeigen Sie** Ihrem Hund mit Hilfe von Leckerchen oder Spielzeug den Weg über das Brett. Sobald er eine Pfote auf das Brett stellt, folgen . Wenn alle Pfoten auf dem Brett sind , ein Schritt auf dem Brett usw.

▸ **Dann gehen** Sie an der Seite, Ihr Hund auf dem Brett, einige Schritte. Sparen Sie nicht mit Clicks und Leckerchen. Das Leckerchen geben Sie ganz unten auf dem Brett.

▸ **In dieser Phase** lernt Ihr Hund, das Brett mit Leckerchen zu verknüpfen. Achten Sie darauf, dass er über die ganze Länge des Brettes geht und nicht verfrüht vom Brett herunter steigt. Erst wenn dies gut klappt, legen Sie das Brett stabil etwas erhöht (etwa 30 cm) und trainieren die gleichen Übungen. Dann führen Sie ein Kommando, wie STEG oder DRÜBER dazu ein.

Für Agility

▸ **Sie legen** den Steg zuerst ganz flach auf den Boden, dann erhöhen Sie ihn allmählich, etwa mit Backsteinen. So trainieren Sie gleich die Auf- und Abgänge mit.

▸ **Die Auf- und Abgänge** bilden im Agility die ‚Kontaktzonen', welche vom Hund mit mindestens einer Pfote berührt werden müssen. Sie sind keine Schikanen, sondern dienen der Sicherheit des Hundes, weil sie das Verletzungsrisiko beim verfrühten Ab- oder falschen Aufspringen verringern.

▸ **Achten Sie** also akribisch auf die Kontaktzonen, lassen Sie Ihren Hund in diesen Bereichen anhalten oder abliegen, folgen.

▸ **Steigern Sie** nur ganz langsam auf die volle Höhe. Dem Hund können Sie mehr Sicherheit geben, wenn er von zwei Personen, ‚in die Mitte genommen' über den Steg geführt wird. An der einen Seite gehen Sie, zuerst noch mit dem angeleinten Hund, und an der anderen Seite geht eine vertraute Hilfsperson mit. Sämtliche richtige Aktionen, .

Schon eine Pfote auf den Steinen wird geclickt.

Steine auf dem Steg

Steine oder Geröll sind für den Hund beim Begehen sehr unangenehm. Es ist aber eine gute Übung, um die Selbstsicherheit des Hundes und das Vertrauen zu Ihnen zu fördern.

▸ **Zuerst legen** Sie das Brett wieder auf den Boden und verteilen kleine Steine darauf. Wie oben zeigen Sie ihrem Hund schrittweise den Weg. Sobald er eine Pfote auf das steinige Brett setzt, folgen .

▸ **Klappt dies gut,** legen Sie ein paar größere Steine dazu. Wer möchte, kann dann das Brett noch zum Steg erhöhen. Zuerst wird jeder Schritt auf dem steinigen Steg geclickt und belohnt. Dann führen Sie Ihren Hund über den gesamten Steg, und Jackpot folgen. Mit dieser Übung können Sie Ihren Hund auch auf das „Begehen von unangenehmem Material“ in der Rettungshundprüfung vorbereiten (siehe nächste Seite). Wenn Ihr Hund mit steinigem Untergrund gut zurecht kommt, nützt Ihnen dies außerdem bei einer Bergwanderung oder am Strand im Urlaub. Das ‚positive Verknüpfen‘ ist entscheidend. Der Clicker ermöglicht Ihnen, genau den Moment der gewünschten Aktion zu bestätigen.

SMART

Der Steg im Spaßpark

- **Integrieren** Sie den Steg im Spaßpark und kombinieren Sie ihn mit verschiedenen Übungen:
- **SITZ, PLATZ, STEH** auf dem Steg, mit Abholen oder sogar aus der Bewegung.
- **Distanzkontrolle** oder GIB LAUT auf dem Steg und mehr, was immer Sie mögen.

Rettungshund-Übungen

Die folgenden Übungen aus den Teilen B und C der RH1- und RH2-Prüfung, die keine Einsatzrettungshundprüfungen sind, zeigen Ihnen etwas von der Vielfalt des Hundesports. Aber auch für den Alltag sind sie nützlich. Wie wär´s mit einem neuen Ziel, einer RH-Sportprüfung?

Paula bleibt bei der Übergabe völlig cool.

Tragen und Übergeben

Prüfungsordnung: „Der Hund wird vom Boden oder einer erhöhten Stelle vom HF angehoben, der diesen nach cirka 10 m an einen zweiten HF übergibt und dieser den Hund über weitere 10 m trägt und dann auf den Boden stellt. Auf Richteranweisung wird der Hund von seinem HF in die GS abgerufen."

Die Übung sieht lustig und einfach aus. Für den Hund ist sie allerdings eine komische, eventuell sogar belastende Situation:

Alle vier Füße vom Boden weg, dann die Übergabe an eine fremde Person, das Abstellen, Warten und endlich der Abruf.

Der Hund soll sich während der gesamten Übung ruhig und unbefangen zeigen.

Es gibt Situationen im Alltag, in denen Sie oder ein Helfer Ihren Hund ein Stück tragen können müssen. Sei es in unwegsamen Gelände, über Scherben oder wenn er verletzungsbedingt, nicht mehr laufen kann. Geschickt ist es dann, wenn der Welpe schon das Hinein- und Herausheben beim Auto kennen gelernt hat. Auch der ältere oder kranke Hund braucht vielleicht Hilfe beim Ein- und Aussteigen.

- **Trainieren Sie** diese Übung in einer entspannten Situation, dann tut sich Ihr Hund in einer Extremsituation leichter, weil er die Übung kennt und sie mit Positivem verknüpft hat.
- **Sie heben** Ihren Hund vom Boden oder von einer erhöhten Stelle an, beispielsweise aus dem Auto. Ein Arm hinter die Hinterbeine, ein Arm zwischen oder hinter die Vorderbeine. Da Sie keine Hand frei haben, lassen Sie von einer vertrauten Hilfsperson clicken und füttern, Sie loben ausgiebig.
- **Dann gehen** Sie ein paar Meter mit dem Hund auf dem Arm. Die Hilfsperson geht ganz dicht am Hund mit, folgen.
- **Lassen Sie** die Hilfsperson den Hund auf Ihrem Arm streicheln, folgen.
- **Nun stellen Sie** den Hund auf den Boden, und sagen BLEIB oder STEH dazu. Sobald er ruhig steht, folgen .

So könnten Sie ein Übungsfeld mit ‚unangenehmen Material' bauen.

▸ **Wenn Ihr Hund** mit der ‚ganz nahen Hilfsperson' keine Probleme hat, versuchen Sie, ihn vorsichtig zu Übergeben.
Die Hilfsperson führt die Arme genau neben Ihre unter den Hund.
▸ **Dann ziehen** Sie Ihre Arme langsam zurück. folgen.
▸ **Die Hilfsperson** trägt jetzt den Hund, folgen. Der Hund merkt vielleicht überhaupt nicht, dass er nicht mehr von Ihnen getragen wird. Und wenn, wäre es nun gleichgültig, denn er hat das Tragen und Übergeben mit Positivem verknüpft.

▸ **Dann setzt die** Hilfsperson den Hund ab. Sie clicken das kurze Warten und rufen Ihren Hund zu sich, folgen. Spielen Sie zur Belohnung ausgiebig mit Ihrem Hund.

Begehen von unangenehmem Material

Dies haben Sie bereits mit den Steinen auf dem Brett geübt. Legen Sie noch weitere Dinge, wie Plastikfolie, Blechtafeln, Gitterroste, Schutt oder anderes Material dazu, ähnlich einem kleinen Trümmerfeld. Wackelige Baumstümpfe fördern die Balance. Je nachdem wie empfindlich sich Ihr Hund zeigt, clicken und belohnen Sie sämtliche Ansätze des Betretens. Gehen Sie mit Ihm zusammen über die Materialien, loben Sie ihn ausgiebig, lassen Sie ihn auch mal absitzen, folgen. Ihr Hund soll sich beim Übergehen der Fläche unbefangen, also weder scheu noch ängstlich zeigen.

KRIECHEN

Die Kriechübung wird nicht nur in der Unterordnung der RH2-Prüfung verlangt, in manchen Situationen ist es von Vorteil, wenn Ihr Hund kriechen kann.

Beispiel: eine Ausnahmesituation

Sie gehen Gassi, ein großer, umgestürzter Baum versperrt den Weg. Umdrehen möchten Sie nicht, darüber und darum herum kommen Sie auch nicht. Unten durch wäre die einzige Möglichkeit. Sie zeigen Ihrem Hund den Weg, indem Sie ‚vorankriechen', Mit Leckerchen oder Spielzeug motivieren Sie ihn zum ‚hinterherkriechen'. Sobald er zu Kriechen ansetzt, folgen .
Da nicht jeder Hund ohne Weiteres in einer solchen Ausnahmesituation kriechen wird, ist es viel besser, wenn Sie das Kriechen vorher mit ihm in entspannter Umgebung trainieren. Dies kann in der Wohnung oder im Garten sein.

Priska macht es vor: unter dem Stuhl durchkriechen

Mit passiver Hilfe

Je nach Größe Ihres Hundes wählen Sie eine passive Hilfe. Ein Stuhl beispielsweise ist für Hunde geeignet, die so groß sind, dass sie nur kriechend darunter durch kommen können.

- **Legen Sie** Ihren Hund an einer Seite des Stuhls in den PLATZ. Sie gehen auf der anderen Seite ganz unten in die Hocke. Dann motivieren Sie Ihn zum Durchkriechen, indem Sie ihm den Weg mit einem Leckerchen in der Faust auf dem Boden zeigen. Die Faust auf dem Boden ist das Sichtzeichen. Schon beim kleinsten Ansatz zum Kriechen folgen .
- **Kommando einführen.** Wenn Sie das Durchkriechen einige Male geübt haben, führen Sie, während Ihr Hund kriecht, etwa das Kommando KRIECHEN dazu ein. Sollte er den Stuhl mit dem Hinterteil hoch stoßen, setzen Sie eine Hilfsperson auf den Stuhl.
- **Üben Sie** das Kriechen mit passiver Hilfe eine lange Zeit. Erst lassen Sie ihn auf sich zu kriechen, dann lassen Sie ihn neben sich kriechen.

Gehen Sie in der Hocke mit oder kriechen Sie mit, die Faust auf dem Boden, notfalls sagen Sie mehrmals KRIECHEN dazu. Kriecht er, folgen .

▸ Wenn Ihr Hund Spaß an der Kriechübung hat, stellen Sie einen weiteren Stuhl dazu und verlängern die Kriechstrecke. Richtige Aktionen .

Prüfungsreifes Kriechen mit Sicht- und Hörzeichen.

Ohne passive Hilfe

Mit dem Trainingsfortschritt bauen Sie die passive Hilfe ab.

▸ Sie legen Ihren Hund in den PLATZ, gehen neben ihm in die Hocke. Mit Kommando KRIECHEN und dem Sichtzeichen, die Faust auf dem Boden, trainieren Sie die Kriechübung ohne Stühle. Sobald er ein kleines Stück neben Ihnen kriecht, folgen .

▸ Steigern Sie langsam die Kriechstrecke. In der RH2-Prüfung wird Kriechen auf Kommando über eine Strecke von 10 m verlangt. In der Hocke mitzugehen oder mitzukriechen sowie mehrere Hör- und Sichtzeichen sind gestattet. Das Berühren des Hundes ist fehlerhaft. Ganz toll, aber auch sehr schwierig ist die Übung natürlich ohne Hilfen, wenn der Hund auf Kommando kriecht, ohne dass Sie in der Hocke mitgehen.

Achtung

- **Die beschriebenen** Übungen sollen Anregungen sein, nicht jeder Hund muss alles perfekt können.
- **Beachten Sie** bitte, dass nicht jeder Hund für jede Übung gleich gut geeignet ist.
- **Übertreiben Sie** das Training nicht und erzwingen Sie nichts. Dies würde nur zu Stress und Vertrauensbruch führen.
- **Nicht vergessen,** Spaß und Freude stehen im Vordergrund. Teamwork und artgerechte Beschäftigung sind das Ziel.

Wie wär's mit Dog Dance

Dieser Trend-Hundesport ist immer mehr im Kommen. Mögen Sie Musik und tanzen gerne, mit dem Hund trainieren ist Ihre Welt, dann könnte Dog Dance das Richtige für Sie beide sein. Faszinierend beim Dog Dance ist die vollendete Harmonie des Teams.

Im Dog Dance ist eigentlich alles erlaubt, was gefällt und hundegerecht ist. Das kommunikative und tänzerische aufeinander Eingehen, sowie Präzision und Kreativität verschmelzen miteinander. Eine harmonische, rhythmische Vorführung mit individuell eingebauten Tricks sieht fließend und schön aus und lässt kaum erahnen, welche Menge Arbeit dahintersteckt.

Sie müssen nicht gleich an einem Wettbewerb teilnehmen, studieren Sie mit Ihrem Hund einmal ‚just for fun' eine kleine Choreographie ein.

Dog Dance knüpft an die traditionelle Unterordnung an und ist eine willkommene Abwechslung zum klassischen Hundesport. Lassen Sie gleich beim nächsten Training Musik dazu laufen. Bewegen Sie sich mit Ihrem Hund locker dazu und lassen Sie sich inspirieren.

◂ **Wählen Sie** aus Ihrer Lieblingsmusik ein Stück, das vom Tempo her dazu passt, ‚wie' Ihr Hund geht. Üben Sie ohne Hund, ob Sie auf das Lied gemeinsam gehen könnten. Dann gehen Sie zur Musik locker etwas Unterordnung mit dem Hund. Der positive Einfluss der Musik überträgt sich auch auf ihn. Probieren Sie Wenden, Drehungen, Pirouetten, Beinslalom und Beinkreisen. Schnell werden Sie merken, welche Elemente sich gut aneinanderreihen lassen. Alle richtigen Aktionen

◂ **Neue Elemente** üben Sie erst wieder einzeln, mit Hilfen und entsprechenden Sicht- und/oder Hörzeichen. Mit einem Leckerchen in der Hand lassen sich dem Hund durch Zeigen auf einfache Weise neue Drehungen, vor, neben, hinter Ihnen oder in verschiedene Richtungen einüben. Sobald der Hund sich wie gewünscht dreht, folgen .

▸ **Vielleicht** entdecken Sie sogar bald, dass auch Ihr Hund kreativ ist. Bietet er von sich aus etwas Nettes an, folgen . Schon bald stellen Sie Ihre erste kleine Choreographie zusammen, die den Fähigkeiten Ihres Hundes entspricht. Übertreiben Sie die Tanzdauer nicht, ein bis zwei Minuten sind anfangs genug.

▴ **Beeindruckend** sind Sprünge durch die Arme, über ein ausgestelltes Bein oder Rückwärts- und Seitwärtsgehen. Rückwärtsgehen trainieren Sie, indem Sie Ihren Hund durch leichtes Drängen animieren, sich zurück zu bewegen. Sobald er einen Schritt rückwärts macht, folgen . Führen Sie dann ein Kommando wie BACK ein. Machen Sie den Hundeplatz zur Tanzfläche!

i -Tüpfelchen

Sie haben inzwischen viele Übungen und Beschäftigungsmöglichkeiten kennen gelernt. Machen Sie sich bewusst, was für Ihren Hund geeignet und erreichbar ist. Wo sind seine und Ihre Stärken und Schwächen? Überdenken Sie Ihre gemeinsamen Ziele, achten Sie im Training stets auf Qualität und sinnvolle Schwerpunkte. Mit den i-Tüpfelchen-Tricks setzen Sie Akzente.

SCHNAPP KEKS

Ziel: Sie legen Ihrem sitzenden Hund einen Keks auf die Nase. Auf Kommando, beispielsweise SCHNAPP KEKS, wirft er den Keks selbst hoch und fängt ihn in der Luft auf.

▸ Zuerst bringen Sie Ihrem Hund bei, den Keks in der Luft zu fangen. Halten Sie den Keks circa 20 cm über die Nase, dann lassen Sie ihn in den Fang fallen.

▸ Dann werfen Sie ihm den Keks gefühlvoll zu. Fällt der Keks auf den Boden, darf er ihn nicht nehmen. Er bekommt den Keks nur, wenn er ihn fängt. Während er fängt, clicken Sie.

▸ Nun üben Sie mit ihm, den Keks auf der Nase zu balancieren. Sie sind in der Hocke vor dem sitzenden Hund und halten seine Schnauze so, dass sie waagrecht und ruhig in Ihrer Hand liegt. Dann legen Sie einen Keks auf die Hundenase, schon nach kurzem Balancieren folgen.

▸ Verlängern Sie die Zeit des Balancierens, beispielsweise mit Kommando BLEIB als Hilfe. Bei richtigen Aktionen folgen. Bauen Sie nun langsam die Balancierhilfe durch ihre Hand ab.

▸ Dann animieren Sie durch eine angedeutete Wurfbewegung Ihren Hund mit dem Keks auf der Nase zum Schnappen. Mit etwas Geschicklichkeit und Übung wird Ihr Hund bald merken, dass der Keks durch seine Kopfbewegung hoch fliegt und er ihn dann schnappen kann.

▸ Führen Sie das Kommando SCHNAPP KEKS dazu ein.

„Hey du, das ist doch meine Kappe!“

Richtige Aktionen clicken Sie. Achten Sie darauf, dass er den Keks erst in die Luft befördert, wenn Sie Ihm das Kommando dazu gegeben haben.

Kappe abziehen

Auch diese Übung sieht lustig aus und sie eignet sich gut zum Abschluss einer Dog-Dance-Choreographie. Achtung, diese Übung ist für Sie nur geeignet, wenn Ihr Hund nicht zu stürmisch vorgeht, denn die Hundezähne kommen sehr nahe an Ihr Gesicht!

▸ **Zuerst** üben Sie mit dem Hund Ihre zu Kappe tragen. Trägt er sie, folgen .

SMART

Genießen Sie die gemeinsame Zeit mit Ihrem Hund.

› **Das Glück** und das Wohlbefinden Ihres Tieres liegen in Ihren Händen. Er wird Ihnen ohne Vorbehalte, mit Vertrauen und Zuneigung danken.
› **Für die vielen** wunderbaren Erlebnisse und das gemeinsame Training, ziehen Sie den Hut vor Ihrem Hund – oder lassen Sie ihn ziehen ...

„Gib's zu, sie steht mir auch besser."

Dann üben Sie das Aufnehmen der Kappe vom Boden beispielsweise mit NIMMS.

▸ **Nun** gehen Sie zu Ihrem Hund in die Hocke und setzen sich die Kappe auf. Zeigen Sie auf die Kappe und sagen Sie NIMMS dazu. Sobald er die Kappe vom Kopf nimmt, folgen . Lassen Sie Ihn mit der Kappe im Fang zum Abschluss noch vorsitzen. So schnell haben Sie einen i-Tüpfelchen-Trick gelernt. Spielen Sie zur Belohnung ausgiebig mit Ihrem Hund.

Infoecke

Dank

▸ **Der Verlag, die Autorin und die Fotografin** danken ffür die freundliche Unterstützung bei den Fotoaufnahmen den Models: Ralph mit Akira, Rolf-Harald Fauser, Claudia mit Distel, Steffi mit Lilly und Pferd, Anja mit Prisca, Marina mit Shari, Claudia mit Paula, Angelika mit Mischa, Hannes, Julia und Jan sowie für die Überlassung des Hundeplatzes dem Schäferhundeverein Schönaich, Anja Aigner für die Durchsicht und Trixie, Heimtierbedarf, Tarp.

▸ **Mein allergrößter Dank** gilt meinem wunderbaren Hund: Int. Ch. Iwan „OTHELLO“ vom Tailleur. Seine Ausbildung: Schutzhund 3 (VPG 3), IPO 3, Fährtenhund 2 und Rettungshund 1.
Ebenso ist er ein sehr erfolgreicher Ausstellungshund und Deckrüde. Ohne ihn wäre auch dieses Buch nicht zustande gekommen. Mit seinem Charme und seiner Eselsgeduld hielt er uns bei den Fotoaufnahmen immer bei Laune. Er ist das Beste was ich habe ... ein Herz mit Haaren drumrum.

Making Of

▸ **Die Autorin** Monika Sinner ist seit Jahren mit ihrem Briard, Othello, erfolgreich im Hundesport und im Zuchtwesen. Aufgrund vieler Anfragen und ihrer Liebe zu Hunden, gibt sie ihr Wissen und ihre Erfahrung in Ausbildungskursen ganz individuell weiter.

▸ **Die Fotografin** Regina Kuhn ist freischaffende Fotodesignerin und Autorin mit jahrelanger Erfahrung in der Tierfotografie.

Bildquellen

Die Fotos Seite 56 und 59 oben links stammen von der Autorin, alle anderen und das Titelbild von Regina Kuhn.

Literatur

- **Eric H. W. Aldington: Von der Seele des Hundes.** Verlag Gollwitzer, Weiden 1986. 11. Auflage 2003.
- **Frauke Ohl: Körpersprache des Hundes.** 2. Aufl., Verlag Eugen Ulmer, Stuttgart 2006.
- **Monika Sinner: Clickertraining mit dem Hund.** Verlag Eugen Ulmer, Stuttgart 2006.
- **Viviane Theby, Michaela Haras: Agility.** Franckh-Kosmos, Stuttgart 2003.

Videos

Zu empfehlen:

- **Eckhard Lind: Hunde spielend motivieren.** Video-Produktion Ratfels, A- Seekirchen 1998.
- **Turid Rugaas: Calming Signals.** Verlag: ANIMAL LEARN, 2002.

Impressum

Bibliografische Information der Deutschen Bibliothek
Die Deutsche Bibliothek verzeichnet diese Publikation in der Deutschen Nationalbibliografie; detaillierte bibliografische Daten sind im Internet über http://dnb.ddb.de abrufbar.

Wollgrasweg 41,
70599 Stuttgart
E-Mail: info@ulmer.de
Internet: www.ulmer.de
Lektorat: : Dr. E.-M. Götz, Silke Behling
Umschlag- und Innengestaltung: X-Design, München
DTP: juhu media, Susanne Dölz, Bad Vilbel
Druck und Bindung: Litotipografia-editrice Alcione, Trento
Printed in Italy

ISBN 13: 978-3-8001-5166-0
ISBN 10: 3-8001-5166-9

Infoecke

Internet

- **www. vdh.de**
VDH Verband für deutsches Hundewesen e.V. Dortmund

(Hinweis: Der Verlag Eugen Ulmer ist nicht für den Inhalt von Links verantwortlich)

Haftung

Für Ihr Heimtier tragen Sie selbst die Verantwortung. Die in diesem Buch enthaltenen Empfehlungen und Angaben sind vom Autor mit großer Sorgfalt zusammengestellt und geprüft worden. Eine Garantie für die Richtigkeit der Angaben kann aber nicht gegeben werden. Der Autor und der Verlag übernehmen keinerlei Haftung für Schäden und Unfälle.

Register

SPEZIAL

Kluge Tipps für SMART-KIDS

Schlaue Extras

Willst Du mit Eurem Hund einen eigenen Trick einüben, dann mach dies bitte immer nur, wenn Deine Eltern dabei sind und Dir helfen.

Angenommen, Deine Mutter geht mit dem Hund zur Hundeschule und bildet ihn aus, dann ist Deine Mutter der Chef in der Ausbildung. Sie wird Dir alles genau zeigen, also hör ihr gut zu, wenn sie etwas erklärt, denn nicht alle Übungen und Spiele sind für Kinder geeignet. Futterspiele zum Beispiel sind klasse, während Zerrspiele schnell gefährlich werden können. Voraussetzung ist, dass Euer Hund freundlich und vorsichtig mit Kindern umgeht und gut mitmacht.